現代の古典解析

微積分基礎課程

森 毅

筑摩書房

はじめに

　この本の内容は，雑誌『現代数学』(のちに『Basic数学』，現在は『理系への数学』と改名) に2年間にわたって (春休みを除き) 連載したものである．だいたい，大学教養課程のカリキュラムに沿ったものだが，未来への展望をこめて，かなり理想的なカリキュラムを想定している．ふだんの講義の雰囲気を出すように努めたが，それだと1回にせいぜい講義の1回ぶんしかはいらない (もっと欲をいえば，講義の半回ぶんぐらいにしたかったほどだ)．それで全カリキュラムをカバーするというよりも

解析の講義のサワリ集

といった性格を持っている．したがって，副教科書ないしは参考書のような気分で，正規の講義と並行して用いられることを考えている．全部ではないにしても，教養課程で基本的なことは押さえたつもりである．

　読切り形式なので，いちおうのつながりはあるものの，各部分は独立に読まれてよい．そして，調子は一貫しているわけではない．むしろ，各回ごとに，いろんな調子を出して気分を変えることを試みた．内容的にいっても，理論的追求を主とした部分 (2, 3, 12など)，計算を中心とした部分 (6, 10, 15など)，理念を主とした部分 (11, 20, 21など) のように，それぞれに違っている．順序についても，

最初から順番に読まなくてもよい．説明の詳しさについても，内容の性格や調子によって，あえて一定させていない．つまり

一貫性よりは多様性を

というのがこの本の意図であって，その全体としての《解析》を理解してほしいのだ．

69年の京大では，バリケードの中で「特別講義」をする必要が生じて，ぼく個人にとっては，このような試みが役に立った．なぜなら，闘争学生諸君はいつ教室に来なくなるかわからず，講義はいつでも「読切り」方式にせざるをえなかった．考えてみれば，これは「日常の」講義でも同じことであったはず．「そのうちなんとかなるだろう」式のフヤケタ講義に，教師も学生も埋没していたわけで，価値は毎時間のうちにのみ期待されるべきだった．

最後にアジテーションをひとつ．ぼくはひそかに，この本を読んだ大学生諸君にたいして，フヤケタ講義の日常性への叛乱を期待している．

1970 年春

一刀斎こと　　森　毅

目　次

はじめに……………………………………… 003

1. 不等号と論理 ……………………………… 013
不等号を使って ……………………………… 013
あるカンタンな「逆命題」………………… 016
もっと複雑な「逆命題」…………………… 019
$a \leq b$ であるための条件 …………………… 023

2. 極限と連続 ………………………………… 027
$\varepsilon\text{-}\delta$ 論法とは ………………………………… 027
数列の極限 …………………………………… 030
関数の連続性 ………………………………… 037

3. 実数の基本性質 …………………………… 043
実数について ………………………………… 043
順序完備とコンパクト ……………………… 048
完備 …………………………………………… 054
連結 …………………………………………… 058

4. 微分 (differential) ………………………… 061
1変数の微分 ………………………………… 061
2変数の微分 ………………………………… 072

5. 指数関数と三角関数 (円関数)…………… 078

指数関数 ……………………………………	078
三角関数 ……………………………………	083
微分方程式論の基礎として …………………	090

6. 微分を使って …………………………………… 093

7. 近似と極限 …………………………………… 108
「平均値定理無用論」 …………………………… 108
近似と極限 ………………………………………… 113
テイラー近似 ……………………………………… 116
漸近近似 …………………………………………… 119

8. 差和分と微積分 ………………………………… 125
差和分と微積分 …………………………………… 125
級数の和 …………………………………………… 129
部分積分と部分和分 ……………………………… 131
微分方程式と差分方程式 ………………………… 133

9. 2階微分 ………………………………………… 140
2階微分 …………………………………………… 140
2階微分と極値問題 ……………………………… 143
束縛条件のある場合 ……………………………… 149

10. 微分作用素 …………………………………… 156
微分作用素の変数変換 …………………………… 156
ラプラス作用素の極形式 ………………………… 159
ルジャンドル関数とベッセル関数 ……………… 162

| 直交関係 ………………………………………… | 165 |

11. 積分と密度微分 ………………………………… 169
積分の2つのイメージ …………………………	169
密度を持った積分と点での積分 …………………	175
平均としての積分 …………………………………	177
重心 …………………………………………………	181

12. 収束の一様性 ……………………………………… 186
2変数関数と関数列の収束 ………………………	186
ノルムと収束 ………………………………………	189
単純収束と一様収束 ………………………………	192
収束の一様性と連続関数 …………………………	197
2変数関数の連続性 ………………………………	199

13. 微積分と連続関数 ………………………………… 203
連続関数の積分 ……………………………………	203
積分は連続, 微分は閉グラフ ……………………	206
重積分と累次積分 …………………………………	209
コンパクトでない場合 ……………………………	212

14. 面積と体積 ………………………………………… 216
集合の上での積分 …………………………………	216
面積と変数変換 ……………………………………	218
面積の符号と重複度 ………………………………	223
極座標の場合 ………………………………………	227

15. Γ 関数をめぐって ……………………… 231
B 関数と Γ 関数 ……………………………… 231
ガウス分布 ……………………………………… 236
フレネルの積分 ………………………………… 240

16. 曲線と曲面 …………………………… 244
線要素と面要素 ………………………………… 244
線積分と面積分 ………………………………… 250
微分式の積分 …………………………………… 252
積分領域の変化 ………………………………… 255

17. ベクトル解析 ………………………… 258
微分式の微分 …………………………………… 258
ストークスの定理 ……………………………… 261
ポアンカレの定理 ……………………………… 265
ヘルムホルツの定理 …………………………… 268

18. 解析性 ………………………………… 273
テイラー近似とテイラー級数 ………………… 273
解析関数 ………………………………………… 275
解析接続 ………………………………………… 279
実解析関数の難点 ……………………………… 283

19. 複素変数関数 ………………………… 287
複素関数の導関数 ……………………………… 287
複素解析性 ……………………………………… 290
ローラン展開 …………………………………… 293

リーマン面 ………………………………… 298

20. フーリエ級数 ………………………… 301
フーリエ級数の枠組 …………………………… 301
「フーリエ級数論」の矛盾 …………………… 305
波動方程式 ……………………………………… 309

21. フーリエ変換と超関数 ……………… 314
フーリエ級数とフーリエ積分 ………………… 314
たたみこみ（convolution）…………………… 319
軟化子（mollifier）…………………………… 324

22. 偏微分方程式をめぐって …………… 327
熱・波・ポテンシャル ………………………… 327
波の伝播 ………………………………………… 332
熱の拡散 ………………………………………… 337

新装版にあたって ………………………………… 341
文庫版あとがき …………………………………… 343

現代の古典解析

微積分基礎課程

1. 不等号と論理

不等号を使って

　まだ，大学の講義（「授業」といわずに，「講義」という，その方が，エラソーに聞こえるから）は始まっていない．どのようにして，講義が始まるか，まだわからない．

　じつは，これはだれにもわからないのである．大学には「指導要領」なんてないので，それぞれの教師がカッテにやる．教科書があるかもしれないが，教科書のとおりに講義が進むなんて保証はない．教師の方も，どのように進もうか，まだ決めてないかもしれない．

　高校までの気分からすると，ずいぶんシマラナイ，と思うかもしれないが，そんなものだと思うよりしかたがない．大学へはいってしばらく，この点で戸惑うかもしれないが，学問とはそんなものだと，早くアキラメ，そして早くナレルことだ．

　それでも，大きくわけると，大学教育には2つの型がある．これは，2つの矛盾した要求から生まれている．1つは，大学へはいってメマイを起こさぬように，なるべくギャップを少なくして，高校教育からスムーズに離陸できるようにすることである．もう1つは，高校の延長だとヤリ

キレヌ思いをしないように，今までと違って新鮮な感じを与えることだ．この2つの要求の一方からは，高校ときわだって違うことは後まわしにした方がよいし，他方からは，最初に違ったことをぶっつけた方がよい．

数IIIの続きのような気分で，大学の微積分を続けていこう，というのが1つの立場で，論理的な展開をやかましくいって，基礎からやり直そう，というのがもう1つの立場である．このどちらの立場かによって，ずいぶんと調子が違う．

しかし，いずれにしても，大学の微積分ともなると，いずれは定理の証明などが出てきて，解析学に特有の無限の論理を使いこなさねばならない．「論理」などというものは，慣れてしまえばなんのこともないのだが，それに慣れていないことが，大学にはいったばかりの学生を戸惑わせることが多いものだ．

そこで，ここでは，不等号を使って，つまり順序についての議論で，「論理」をあやつってみることにする．不等号などといって，バカにしてはいけない．かんたんなことのようで，錯覚を起こすことが多いし，常識やカンに頼っていては失敗する．

不等号というと，その基礎は，次の3つの関係だけである．

$$a \leq a$$
$$a \leq b,\ b \leq c \quad ならば \quad a \leq c$$
$$a \leq b,\ b \leq a \quad ならば \quad a = b.$$

▶ $a \leqq b$ でなく，$a \leq b$ という書き方もある．
$a \leqq b$, $b \leqq c$ と書いた「,」(コンマ) は，and の略である．

　ここで，$a < b$ でなくて，$a \leqq b$ の方を使ったが，最近では < よりも ≦ をよく使う．どちらを主にしてもよいのだが，$a < b$ を主にする方がオールド・ファッション，$a \leqq b$ を主にする方がモダーンな方式である．その理由は，≦ の方が使いよい，というわけだが．

　$a \leqq a$ と書くとへんな感じをもつ人があるかもしれない．ときどき $3 \leqq 3$ と書くと，それはマチガイですという学生がある．そうではない．$a \leqq b$ がホントというのは，$a = b$ か $a < b$ のドチラカがホントならよいのである．ホントかウソかの判断には，もっと精密なことがわかる，なんてことはヨケイなのだ．$3 \leqq 3$ も，$3 \leqq 4$ も両方ともホントなのである．

　高校の論理で，
$$A \to A \text{ or } B, \quad B \to A \text{ or } B$$
というのを，やったと思う．これは，その特別な場合で，
$$3 = 3 \to 3 = 3 \text{ or } 3 < 3$$
$$3 < 4 \to 3 = 4 \text{ or } 3 < 4$$
になる．$3 < 3$ とか，$3 = 4$ とか，ウソが出てきたのだが，それがウソかどうかを判断する必要はない．A or B というのは，A と B のドチラカがホントとわかったら，あとはドーデモエエのである．判断する必要のないことまで考えてクヨクヨするのはノイローゼで，数学は本来，ノイローゼにならないようにできている．小学校で，正方形の絵が

かいてあって、この図形は何かと聞かれて、「4辺形だ」というと×になった記憶があるかもしれない。命題のホントかウソかという点では、「4辺形だ」でもホントなわけだ。

ただしこれは、$a \leq b$ を、$a < b$ or $a = b$ と考える立場で、$a \leq b$ から始めて、b が a 以上のとき $a \leq b$ と書きます、と考えれば問題ないだろう。この立場では、$a < b$ とは、

$$a \leq b \text{ and } a \neq b$$

のこと、と定義する。「大きいかまたは等しい」などと固定観念をもっていると、ヘンな気になるのである。

あるカンタンな「逆命題」

さて、ここで、次の問題を考える。

『次の命題の逆命題をつくり、ホントかウソか判定せよ：

$$a \leq b, \quad b \leq c \quad \text{ならば} \quad a \leq c$$ 』

あまりカンタンすぎて、気持ちが悪いかもしれないが、「ならば」というのがあるから、逆命題はつくれるだろう。じつは、逆命題がつくれるのは、この「ならば」がなければならないので、ゲンミツには「2等辺3角形は2底角が等しい」に逆命題はなくて、それを「ある3角形が2等辺3角形ナラバ、それは2底角が等しい3角形である」とホンヤクして、はじめて逆命題をつくれるのである。

さて、そこで逆命題というと、

$$a \leq c \quad \text{ならば} \quad a \leq b, \quad b \leq c$$

となる。これはウソである。

というと、これはだいたい意味がアイマイだ、という反論があるだろう。a と c の間の b をとればよいではないか、というわけ。じつは、最初の問題からしてアイマイなのである。元来、a とか b とかがナニモノか、全然わからない。まあ、実数だとしておこう。

そうすると、最初の命題の条件は、

　　実数 a, b, c について、$a \leqq b,\ b \leqq c$ ならば

ということになる。

それでもまだ、さきほどのアイマイさが残る。ここで、数学でこの種の表現をするときの習慣を、一度は反省してみなければならない。最初の命題は何を意味するのか。まず、カッテニ（任意に）実数を3つ、a, b, c と、とってきてみた。「3つ」と書いたが、同じかもしれない。ともかく、まず a を任意にとり、それと無関係に b を任意にとり、さらにそれらに無関係に c を任意にとったわけである。これだけでは、同じものがあるかどうかも、大小も何もわからない。

このことを「任意の実数 a, b, c について」というわけだが、任意の (arbitrary) の頭文字 A をとって、それをヒックリカエシて、

$$\forall a, b, c$$

と書いたりもする。A のままだと、ほかに A を使えなくて不便だし、A のサカサだと活字を逆にしさえすればよいのだから、印刷屋も助かって活字代が安くつくわけ。

範囲を指定するためには、実数全体を $\boldsymbol{R}$ として、「a は

A にはいる」を $a \in A$ と書いて，
$$\forall a \in \mathbf{R} \text{ and } \forall b \in \mathbf{R} \text{ and } \forall c \in \mathbf{R}$$
ということになる．たいていは，これも略して，
$$\forall a, b, c \in \mathbf{R}$$
と書く．

さて，この実数であることしかわからない a, b, c について，「$a \leq b$ and $b \leq c$」という情報が与えられれば，「$a \leq c$」という判断をくだせる，ということを最初の命題はいっている．すなわち，やや正式の書き方をすると，
$$\forall a, b, c \in \mathbf{R} \ \{(a \leq b, b \leq c) \to a \leq c\}$$
というわけである．

逆とは，この「→」のところを反対にすることだから，
$$\forall a, b, c \in \mathbf{R} \ \{a \leq c \to (a \leq b, b \leq c)\}$$
となる．すなわち，この b は「任意の b」であって，$a \leq c$ だからといって，その間にあるかどうかの判断はできないのである．すなわち，この命題はウソ．

ついでに，このウソというのは，判断したのがインチキということで，カッテな b といっても，それはたまたま a と c の間にあるかもしれない．マグレアタリは判断ではないのである．だから，この判断がデタラメと認定するには，a と c の間からはずれることもある，ということを知るだけでよい．このときに，ウソとレッテルをはるわけだ．

命題「$A \to B$」がホントというのは「A という情報から B という帰結をみちびく」ことがホントかどうか，いっているのであって，ホントなのは「みちびけること」でしか

もっと複雑な「逆命題」

受験勉強のときは,条件が2つあるときは,一方を「大前提」としておいて,逆も考えなければいけない,と教わったかもしれない.この方は,たとえば,

 実数 a, b, c があって $a \leq b$ のとき,
$$b \leq c \quad \text{ならば} \quad a \leq c$$
におきかえることになる.この逆は,

 実数 a, b, c があって $a \leq b$ のとき,
$$a \leq c \quad \text{ならば} \quad b \leq c$$
すなわち

 実数 a, b, c について,$a \leq b$, $a \leq c$ ならば $b \leq c$

という命題と同値で,b と c の間の大小関係についての判断の情報は与えられていないのだから,この命題はウソということになる.

これは,最初の命題を,
$$a \leq b \to (b \leq c \to a \leq c)$$
と変形しておいて,あとの「→」を逆にした,
$$a \leq b \to (a \leq c \to b \leq c)$$
のウソを認定したのである.

ところで,まえの「→」を逆にして,
$$(b \leq c \to a \leq c) \to a \leq b$$
は正しいだろうか,こんなものは見たことがないかもしれない.じつは,これはまた不正確であいまいな表現になっ

てしまったわけで，$\forall a, b \in \boldsymbol{R}$ の方は共通として略して，
$$\forall c \{(b \leq c \rightarrow a \leq c) \rightarrow a \leq b\}$$
の方がウソで，
$$\{\forall c(b \leq c \rightarrow a \leq c)\} \rightarrow a \leq b$$
の方はホントになる．このあとの命題が重要で，よく使う．

まず最初の方だが，この c は任意ではあるが特定のものである．このように特定しておいたものは定項 (constant) という．一度決めたら変えない，ただし決め方は任意，というわけ．

さて，最初の命題
$$a \leq b \rightarrow (b \leq c \rightarrow a \leq c)$$
にかえて，このグラフを (a, b) 平面で図示してみよう．ちょっと考えると，図 1.1 のようになる．これは，おかしい．

▶ $P(x)$ のグラフというのは，$P(x)$ をみたす x 全体のこと．$\{x ; P(x)\}$ または $\{x \mid P(x)\}$ と書く．「;」の方はヨーロッパでよく使い，「|」の方はアメリカでよく使うようだ．

なぜなら，
$$(x \in A \rightarrow x \in B) \rightarrow A \subset B$$
すなわち，「A にはいっているぐらいなら B にもはいっている」のはずだった．このグラフで，包含関係で比べられないではないか．どこか，まちがっている．

▶ $A \subset B$ は，A は B に含まれる，の記号．

この
$$\{(a, b) ; b \leq c \rightarrow a \leq c\}$$

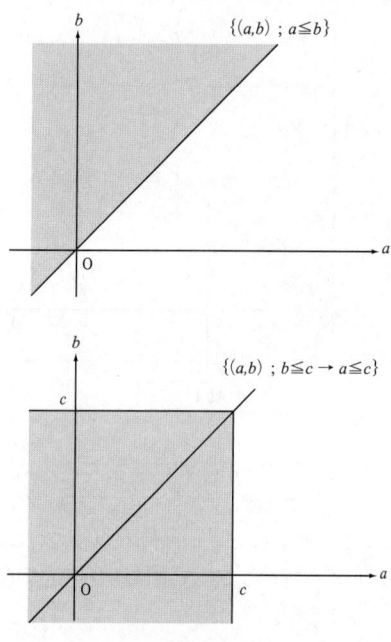

図1.1

の正解は図1.2のようになる．

これは，この種の条件のはいった命題，条件命題では，かならず生ずる現象である．この命題のいっていることは，

　　　$b \leq c$ であれば $a \leq c$ でナケレバナラヌ

すなわち，

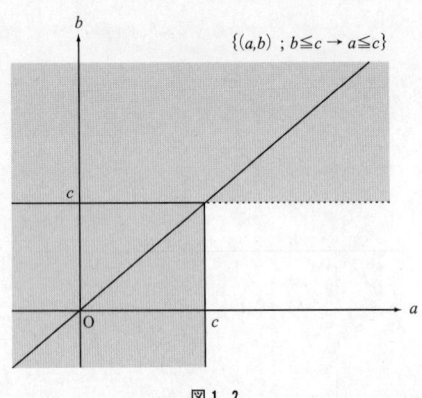

図1.2

$b \leq c$ であるノニ，$a > c$

ということがあっては困る，ということをいっているにすぎない．$b > c$ のときはどうか，何もいっていないのだから，ドーデモエエのである．文字は任意特定なので，たとえば，

$$3 \leq 2 \to 5 \leq 2$$

とか，

$$3 \leq 2 \to 1 \leq 2$$

とかいうと，なんとも奇妙な感じがするだろうが，これはみなホントの命題なのである．

文字が出てきてわからんときは，特定の数を入れてみろ，と教わったかもしれないが，特定の数を入れたりすると，かえってわかりにくくなってしまう．しいて普通の文

章にするなら，3≦2のようなことがあれば5≦2でもかまわないとか，3≦2であっても1≦2となるとか，いずれにしても，英語でいうなら「接続法（仮定法）」の世界であって，それを常識的な「直説法」で解釈してはいけない．ここで，文字の形式性に依拠することで，語法に無関係な普遍的な形式がえられたのである．

さて，これなら，たしかに包含関係もツジツマがあっている．そして，「$b≦c$については$a≦c$である」からといって，そのことで，aとbとの大小関係が規定されるわけではないので，この命題はたしかにウソ．図から見てもわかるし，なりたたない場合の

$(2 ≦ 5 → 3 ≦ 5)$ はホント，$(3 ≦ 2)$ はウソ

とか，

$(7 ≦ 5 → 8 ≦ 5)$ はホント，$(8 ≦ 7)$ はウソ

とかの例はいくらでもつくれる．

ここで，今度はcを変項として走らせると，「どのcについても，$b≦c$については$a≦c$」というのは，さきの図でcをいろいろ変えて走らせたとき，すべてのcについてのグラフに共通にはいらねばならないので，$\{(a,b) ; a≦b\}$と一致する．

$a≦b$であるための条件

変項は，xなどの文字を使うのがふつうだが，cといういかにも constant くさい文字が出てきたからといって，だまされてはいけない．しかし，やはりxを使った方が気

分がよいので，こちらにのりかえよう．

さて，

　　　$(b \leq x \rightarrow a \leq x)$　ならば　$a \leq b$

の「証明」は，

　　　とくに x として b をとれば，$b \leq b$. ゆえに $a \leq b$

というような書き方をする．「特殊化」というヤツだ．x はナンデモよいから，$x=b$ を代入して，

　　　$(b \leq b \rightarrow a \leq b)$ はホント　　　（仮定の「特殊化」）

そして，最初に書いたように，

　　　$b \leq b$ はいつでもホント　　　（順序の「公理」）

そこで，

$$A である$$
$$\underline{A なら B である\qquad\qquad}$$
$$ゆえに\ \ B である$$

という「3段論法」になるわけ．

この，変項を使った条件は，ちょっと考えると錯覚を起こしやすい．

　　　x が b 以上にあるからには
　　　a 以上の部分になければならぬ

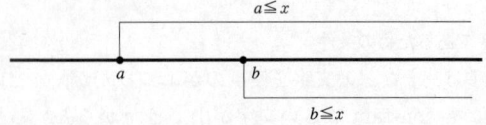

図 1. 3

ということなのだが.

もっと使いやすい形では，さらに精密に，

[定理] 実数 a, b について，次の 4 条件は同値：

α) $a \leq b$

β) $b \leq x$ なら $a \leq x$

γ) $b < x$ なら $a < x$

δ) $b < x$ なら $a \leq x$

念のために注意しておくと，α) → δ) というのは，

$$(a \leq b, b < x) \to a < x \to a \leq x$$

だが，ここで結論が $a < x$ でないからダメと思ってはだめ．最初に注意したとおり，ゆるい結論にするのは，いくらゆるくしてもかまわない．

元来，$A \to B$ という命題で，A をキビシクしても，B をユルクしても，命題はなりたつ．なぜなら，$A' \to A$（A' という条件は A よりキビシイ），$B \to B'$（B' という結論は B よりユルイ）とすれば，

$$A' \to A \to B \to B'$$

となるから．

そこで，$b < x$ なら $b \leq x$，$a < x$ なら $a \leq x$ だから，これらの条件の間に，

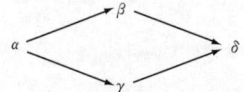

という関係がある．この種の判断に慣れること！

そこで，この証明には，$\delta) \to a)$ を示しさえすればよい．ただし，これはいままでと違って，実数の特殊な性質（稠密性）を必要とし，それは今回の議論の主題からはずれる．

安心のために1つの証明（不要な性質を使っていて，あまりよい証明でないが）は，

$a \leq b$ でない，すなわち，$b < a$ とすると，

$b < c < a$ となる c があり，

$b < c$ であるのに，$c < a$, すなわち，$a \leq c$ でないことになる．

で，対偶が証明されたことになる．

▶ここで，$a \leq b$ でなければ $b < a$, という性質を使っている．

［問］ 次の条件の同値を示せ．

$a)$ $a < b$

$\beta)$ $b \leq x$ なら $a < x$

2. 極限と連続

ε-δ 論法とは

解析では，無限を用いた論法をあやつる．極限概念を定義しようとするときに，とび出してくるのが，「ε-δ 論法」というヤツだ．

教養課程の解析で，最初にこれを出すべきかどうか，いろいろな議論がある．しかし，かなり多くの大学では最初にお目にかかるし，いずれどこかで会わねばならないとして，早いとこ解説しておくことにする．

極限概念というのは，「変化の状態」から規定された概念だけに，確乎とした「論理的形式」にそれだけのせにくい，ともいえる．それをするのが，「ε-δ 論法」であって，主として19世紀に完成した方式である．ただし，論理的であるためだけなら，今なら他の言い方がないでもない．たとえば，「極限」を「無定義術語」式に（「幾何」における点のように）「公理」で規制することもできる．また，たとえば，「連続」を直接定義して，それから極限を定義する方法だって，ないわけではない．ただし，ぼくも含めて，ぼくのまわりには，ずい分いろいろな講義をする連中がいるが，この種のこころみをしたというのを，聞いたことがないか

ら，少なくとも現在のところ，「論理的」であるためには，この方法が用いられている，と考えてよさそうである．

▶たとえば，任意の $\alpha<\beta$ に対して，$\{x\,;\,\alpha<f(x)<\beta\}$ が開区間の合併になるとき，「連続」と定義してもよい．

くわしい説明はあとにするとして，この論法のひとつの特徴は，「不等式による評価」を利用している．そこで，「変化の状態の評価」を量的にしようとすると，「ε-δ 論法」を具体的に行なうことになる．それを「一般理論」のために，具体的ではなしに一般的に行なうのである．

なぜそんなことが必要かというと，1 変数の間はまあたいして必要でない．ところが，多変数になるといくつもの変数があるだけに，それらの間の依存関係が複雑になる．この場合には，「評価式」を書いて「論理」を展開していかなくては，理論展開が不可能になる．歴史的にいっても，この種の論法の完成は 19 世紀におけるこの要求に根ざしている．

ところが，最初から多変数ではむつかしかろうというわけで，1 変数でやるのである．実際に，多変数といっても，1 変数の議論が基礎になっている．ところが，じつはこのことが「ε-δ 論法をいつやるか」という議論の問題点のひとつになっている．ふつう数学の必要度に応じて，あとほどカケアシで議論が行なわれる．そのために多変数がカケアシになることもよくある．この場合には，なぜ 1 変数のときにあんなにコッタのか，ワケガワカランということになる．そのことからは，本当にこの論法が必要な時期，多

変数関数をコッテリとやる直前に，という議論も生まれるわけだ．もちろん，その一方で，1変数のやさしい間にユックリ，という説もある．

いずれにしても，なぜこんなクローをするのかわからん，ではつまらない．また，1変数でクローして，本番の多変数ではカケアシでは，何のためにクローしたかわからない．だからどの時期に講義があったにしろ，多変数関数までを通しての必要として理解しておいてほしい．大学生にとって，無目的に「与えられたもの」を受け入れることは，きわめて悪いことであって，「なぜこのようなことを考えねばならないか」という意識は，あらゆる部分で重要なことだから．たとえ，すぐにその解答が与えられないとしても．

もうひとつの問題点は，「論理」とは所詮「使うもの」であって，それがいかに「美しく正しく」あろうと，それに感嘆したり，困惑したり，という状態にとどまるべきではないこと（「清く，正しく，美しく」はタカラヅカのスローガンにすぎない）．使いなれない道具はオゾマシキものだが，使いなれると愛着を感ずるもので，「ε-δマニア」になったりもする．もちろん，一度はマニアになってみるぐらいでないと，新しいオモチャは使いこなせない，といった面もないではないが，ときたま，たいへん達者なε-δ使いになったはよいが，解析学の本筋の方はサッパリ，という学生もいる．マニアになってもよいが，それダケが解析だと思ってはいけない．まして，これがダメだから解析はダ

メ，などと思うのは大禁物である．

　前書きが長くなったが，大学によっては，この論法はあとまわしになるし，なるべくカンタンに切りあげて微積分の本道にはいりたいし，そうかといって，学生が困るのもここだしというわけで，困ったあげくの長談議という矛盾．とくに「$\varepsilon\text{-}\delta$ 論法」の講義があとまわしの学生も含めて，課外に，

　　　遠山 啓『無限と連続』(岩波新書)

の一読をすすめておこう．

数列の極限

　「極限の定義」は 19 世紀に完成したといったが，その起源は古い．「変化」を「論理」の形式に固定しようとするとき，歴史はくりかえす．かつてギリシア時代，ゼノンが「運動」において逆説をもち出したとき，それを静的な形式においてとらえたのはユードクソスであった．これからしようとすることは，まさにその再現である．

$$\lim_{n\to\infty} a_n = a$$

というのを，高校では，

　　　n がカギリナク大きくなれば，a_n は a にカギリナク近づく

と教わっただろう．これはキマリモンクだが，あまりよくわからない．たとえば，対偶をとって

　　　a_n と a の近さにカギリがあれば，n の大きさにカ

ギリがある

はいいのかどうか．例として，

$$a_n = (-1)^n \left(1+\frac{1}{n}\right), \quad a = 1$$

とでもしてみると，これは収束しないことはたしかだが，上の「定義」ではあぶない．

　あとで，このイイマワシの正しい解釈を考えるとして，いまのところ，このアイマイさを鑑賞しておくこと．

　むしろ，カギリナク大きいというのは，定まった状態ではなくて，変化状態そのものの記述と思った方がよい．もっと思いきった表現をすれば，

　　　n をドンドン大きくすれば，a_n は a にドンドン近
　　　づく

である．これは変化の記述そのものだが，n と a_n との依存関係をアイマイにしている．ここで有効なのは「変数」の概念である．変数 n に対しての a_n の依存，これは普遍的な形式としての条件命題に書ける．すなわち，

　　　n を十分大きくさえすれば，a_n は a にいくらでも
　　　近くできる

これが，「ε-δ 論法」の論理的骨格である．ここで，「十分」と「いくらでも」というところがカギ．

　さらに，これを量的な評価式にする．「n は N の程度以上に大きい」というのを $n \geq N$，「a_n と a が $\varepsilon\ (>0)$ の程度以下の近さ」というのを，$|a_n - a| \leq \varepsilon$ と表わすと，これは，

$$n \geq N \quad \text{ならば} \quad |a_n - a| \leq \varepsilon$$

となる．N が n の大きさの指標，ε が a_n と a の近さの指標である．

ここで問題なのは，N と ε の依存関係である．ここの部分は，「N をウマクとりさえすれば，ドンナ ε にでも適合させることができる」ということだ．ε を「任意に」定めたとき，それに応じたウマイ N をとろうというのだから，N のとり方は ε によって制限されることになる．しかし，この N が一義的にきまっているわけではない．「ドンナ男にでも，彼を愛する乙女はいるものだ」というとき，たくさんの乙女から愛されたら結構なことだ．また，その乙女なるもの，男ごとにさまざまである（タデ食ウ虫モ，スキズキ）．

とくにこの場合，このような N があったとして，$N' \geq N$ となる N' についても，

$$n \geq N' \to n \geq N$$

だから，N' も適合する．だから，N は大きめにとっておけば安全だが，少なくとも1つはあるという「存在の保証」をいっているだけのこと．

なかには，「ナンデモよいから $\varepsilon > 0$ をよこしてごらん，適当な N をみつけてあげますから」などとナカウドバーサンのようなことをいう人もある．ε の方も，$0 < \varepsilon \leq \varepsilon'$ のとき，

$$|a_n - a| \leq \varepsilon \to |a_n - a| \leq \varepsilon'$$

だから，ε が大きいほど N をみつけやすく，ε が小さいほ

ど縁遠いことになる．そこで，ときには，「ドンナ ε にでも」というところを念を押して，「ドンナニ小さい ε にでも」という人もある．さきの例だと「ドンナニもてない男にでも」といっているようなもので，文学的には意味が強まるが，いっている内容は変わらない．また，「あまりカワイコチャンでなくてもよいならば」とか，「N を相当大きくしてもガマンするなら」などというのもよけいなことである．しかし，実際は，ε を小さくすると，それに応じて N の方も大きくしておかないと，うまくいかないのが通例である（$a_n = a$ $(n \geq N)$ のようなときは，カイロードーケツの契りを結んだようなもので，ε のことなど気にする必要もないが）．

結局まとめると，

　　　任意の $\varepsilon > 0$ に対し，N が存在して，

　　　　$n \geq N$　ならば　$|a_n - a| \leq \varepsilon$

ということになる．これが極限の「ε 式定義」である．ここで，N は ε によって制限をうけるが「ともかく存在すればよい」のだ．もっと具体的に，$N = N(\varepsilon)$ というきまった関数で表わす場合が，最初にいった「具体的な量的評価」の場合である．また，

　　　　$n \geq N_\alpha$　ならば　$|a_{n,\alpha} - a_\alpha| \leq \varepsilon$

というように，別の変数 α があって，それへの依存度も考慮しなければならないのが，これもさきにいった「多変数」の場合で，このときこそ「ε 式論法」の活躍するところ．

さて，この「任意」と「存在」とは，「論理的双対」とい

われる.

　　　任意の i について，$P(i)$ が成立する
というのは，「ドノ i についても (for any i)」$P(i)$，であり，

　　　i が存在して，その i について，$P(i)$ が成立する
というのは，「ドレカノ i について (for some i)」$P(i)$，ということになる.

任意の方を $\forall$ と書いたのに対し，「存在」の方も exist の E をヒックリカエシて $\exists$ と書く.

$$\forall i : P(i), \quad \exists i : P(i)$$

などと記号化すると便利だ.

とくに，「$\forall i : P(i)$」の否定，「ドノ i でも $P(i)$ というワケデハナイ」というのは，いいかえれば，「$P(i)$ でないようなコトモアル」，すなわち「ドレカノ i では $P(i)$ でない」という「$\exists i : \mathrm{not}\ P(i)$」になる．同じく，「$\exists i : P(i)$」の否定，「$P(i)$ になるようなコトハナイ」は，「イツデモ $P(i)$ でない」，すなわち「ドノ i でも $P(i)$ でない」という「$\forall i : \mathrm{not}\ P(i)$」になる.

この記号を使えば，

$$\forall \varepsilon > 0, \quad \exists N : n \geqq N \to |a_n - a| \leqq \varepsilon$$

という記号化ができたことになる.

また，条件式のところを対偶にすれば，

$$|a_n - a| > \varepsilon \quad \text{ならば} \quad n < N$$

であって，全体として，

　　　任意の $\varepsilon > 0$ に対し，$\{n\,;\,|a_n - a| > \varepsilon\}$ は有限

ともいえる．つまり，ε のカコイの外に出る a_n は有限，これが最初のカギリの解釈である．

▶自然数の集合 A が有限とは，$\exists N : n \in A \to n < N$

ついでに，いつでも $\varepsilon > 0$ と書いてあるとはかぎらない．たとえば，

$b < a < c$ となる任意の b, c に対し，N が存在して，

$$n \geq N \quad \text{ならば} \quad b \leq a_n \leq c$$

といった形のこともある．ε 式は，$b = a - \varepsilon$, $c = a + \varepsilon$ という，この特別の場合だが，逆にこれを ε 式に直すには，$c - a$ と $a - b$ の小さい方を ε とすると，

$$b \leq a - \varepsilon \leq a_n \leq a + \varepsilon \leq c$$

となるので，同値である．

▶「答案」式にキッチリ書き直してみよ．

いままで，有限の極限だったが，たとえば，

$$\lim_{n \to \infty} a_n = +\infty$$

にしても，

n をドンドン大きくすれば，a_n はドンドン大きくなる

n を十分大きくしさえすれば，a_n はいくらでも大きくできる

だから，ε 式には，

$$\forall b, \exists N : n \geq N \to b \leq a_n$$

とすればよい．この $b \leq x$ が，x が b 以上という大きさの

評価である．

このとき，「a_n は $+\infty$ に発散する」という人と，「a_n は $+\infty$ に収束する」という人とがある．数学用語としては，「発散」=「収束しない」であって，自動詞だから目的をもつのはヘンだというわけだが，正確には，「有限の範囲では発散し，無限大も考えれば $+\infty$ に収束する」．それを略して「$+\infty$ に発散する」ぐらいに考えればよいだろう．$+\infty$ の方も，ひとつのモノ（数のようなモノ）と考えた方が使いやすいので，$x \geq b$ は「x は b 以上に $+\infty$ に近い」，$\lim a_n = +\infty$ を「a_n はドンドン $+\infty$ に近づく」といったりもする．

さて，ギリシアの昔，ユードクソスの依拠したのは，アルキメデスの公理とよばれる，

$$\forall a, b > 0, \ \exists N : a \leq Nb$$

である．nb は n に関して増加だから，これは，

$$\forall b > 0, \ \forall a > 0, \ \exists N : n \geq N \to a \leq nb$$

すなわち，

$$\forall b > 0 : \lim_{n \to \infty} nb = +\infty$$

のことになる．別のことばでは，「ドンナニ a が大きくても（b が小さくても），b を何倍かしさえすれば，a をこえることができる」，これは b による a の測量可能性，塵モツモレバ山トナル，というだけのことだ．

逆数の方では，

$$\forall a > 0 : \lim_{n \to \infty} \frac{1}{n}a = 0$$

で，分割によってイクラデモ小さくできる，ということ．

この意味で，19世紀の極限の「定義」はギリシアの論理であるともいえるが，極限の「概念」がギリシアにあったわけではなく，その確立したのは18世紀においてである．しかも，アルキメデスの公理の表現する特定の極限ではなく，極限の一般概念なのだ．

関数の連続性

結局，極限というのは，

  n がドンドン $+\infty$ に近づけば，a_n はドンドン a に近づく

ということの，「ε 式表現」であった．この場合，数列だから n に依存して a_n がきまったのだが，これは x に依存して $f(x)$ の定まる（ふつうの）関数でも同じで，

  x がズーット a に近づけば $f(x)$ はズーット b に近づく

でも同じ，ドンドンをズーットに変えたのは文章上のアヤにすぎない．n だとドンドンとれるが，x だとドンドンでは追いつかないので，ズーットと書いたのである．

これが

$$\lim_{x \to a} f(x) = b$$

であって，

> x を a に十分近くしさえすれば，$f(x)$ は b にいくらでも近くできる

ということになる．

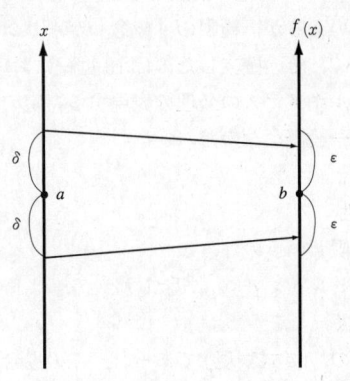

図 2.1

すなわち，
$$\forall \varepsilon > 0, \ \exists \delta > 0 : |x-a| \leq \delta \to |f(x)-b| \leq \varepsilon$$
ということになる．

ところで，ここで，f が a でも定義されていれば，とくに $x=a$ の場合を考えると，
$$\forall \varepsilon > 0 : |f(a)-b| \leq \varepsilon$$
で，$b=f(a)$ になってしまう．

▶自分は自分に近い．アタリマエ．

こんなことがあるので，昔は，$x \neq a$ という制限を加え

ていた．すなわち，
$$\forall \varepsilon > 0, \exists \delta > 0 : 0 \neq |x-a| \leq \delta \rightarrow |f(x)-b| \leq \varepsilon$$
としていた．最近では，こちらを「特別」視して，

$$\lim_{x \neq a, x \to a} f(x) = b$$

と書く流儀がふえている．もっとも，これを「普通」の極限と「定義」する方が，いまでも多数派だろうと思う．「定義」というものは，時代とともに変わるものだし，同時代にいく種類もの方式のある方が正常であって，どの流儀とでもつきあえる方がよい．

▶学生もどの教師ともつきあえる方がよい．

この，$b = f(a)$ から，

$$\lim_{x \to a} f(x) = f(a)$$

としてしまうと，これは「f が a で連続」という「定義」である．連続というのは，x が a に近づけば，値の $f(x)$ の方も $f(a)$ に近づく，ということ．これはグラフがツナガッテいる，ということではない．じつは結果的にはツナガッテもくるのだが，逆は成立しないので「連続関数＝ツナガッタ関数」というのはアヤマリ．もし，そのような固定観念をもっていたなら，いさぎよく粉砕すること！

この意味で，不連続の例に，よくギャップのあるのが出ているが，それは，

$$\lim_{x < a, x \to a} f(x) \neq \lim_{x > a, x \to a} f(x)$$

の程度で，不連続のイメージづくりにはあまりよくない．
f が a で不連続というのは，

　　　x が a に近づくノニ，$f(x)$ はイッコーに収束しようとせぬ

といったもの，たとえば，技巧的だが，

$$f(x) = \begin{cases} \sin\dfrac{1}{x} & (x \neq 0) \\ 0 & (x = 0) \end{cases}$$

などがよい例になる（図2.2）．

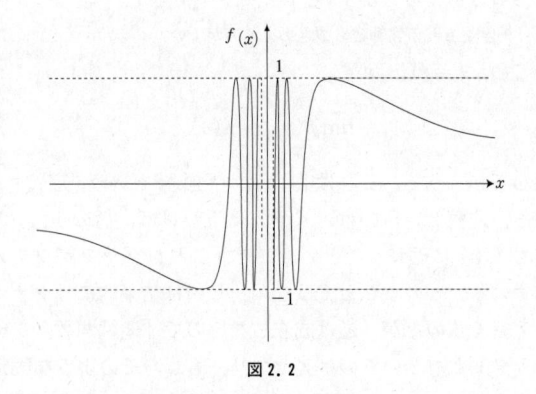

図 2.2

　ここで，極限の概念は関数の連続性そのものといえるほどである．実際に，数列の場合でも，

$$\lim_{n \to \infty} a(n) = a \ (+\infty)$$

と書けば，関数 a の $+\infty$ における連続性を意味している．いわば，

「極限の概念」＝「連続の概念」

といってもよい．この種の概念分析のできることが，論理的追究の数学的側面であって，このことが，一般的な概念のカテゴリーとして，「位相のカテゴリー」といわれるものへの出発点になる．「ε-δ 論法」の価値をこちらにつなげようと考えている人もある（もちろん，その場合，「論理」より「概念」にウエイトがかかる）．その他，「論理」，「量的評価」など，ウエイトのおかれ方で講義のニュアンスも違うだろう．

数列のドンドンが n をノリモノにしていたのに対し，関数のズーットは x をノリモノにしていたが，定式化の本質は変わらない．ただ，n のノリモノの方が，2 本の足で歩くオモムキがあって考えやすいので，たとえば，f が a で連続というのを，

$$\lim_{n\to\infty} x_n = a \quad \text{ならば} \quad \lim_{n\to\infty} f(x_n) = f(a)$$

といったりすることもある．もっと一般化して「問題」の形にしておこう．

[問 1]　次の同値を示せ：

α)　$\lim_{x\to a} f(x) = f(a)$

β)　$\lim_{n\to\infty} x_n = a$ ならば $\lim_{n\to\infty} f(x_n) = f(a)$

γ) $\lim_{t \to s} x(t) = a$ ならば $\lim_{t \to s} f(x(t)) = f(a)$

　この種の問題は慣れないと，なかなかうまくできないかもしれない．まあそのうち，だんだん慣れるだろう，ぐらいで，いまできなくても気にしない．もうひとつ，次のも簡単にできるようなら，ヨクデキマシタというわけだが……．

　[問2]　次の同値を示せ：
　α)　$\forall \varepsilon > 0, \exists N : n \geqq N \to |a_n - a| \leqq \varepsilon$
　β)　$\forall \varepsilon > 0, \exists N : n > N \to |a_n - a| \leqq \varepsilon$
　γ)　$\forall \varepsilon > 0, \exists N : n \geqq N \to |a_n - a| < \varepsilon$
　δ)　$\forall \varepsilon > 0, \exists N : n > N \to |a_n - a| < \varepsilon$

3. 実数の基本性質

実数について

　大学の微積分の，1つの方式は，「実数とはなにか」をやって，それから，その上で微積分を理論的に建設する方式である．もう1つの方式は，これをやらないで，そしてそれが必要になるような「理論的」部分はとばしてすます方式である．このあとの方式の場合には，当面はあまり必要がないわけだが，まえの方式もかなり多いので，「実数論」について，基本的なことを見ておこう．

　さて，「実数論」といっても，おおまかに分けて，2通りの方法がある．第1の方法は，有理数まで代数的に（極限概念を必要とせずに）建設しておいて，有理数からの近似で実数を構成する方法である．第2の方法は，実数のもっている基本法則を公理で完全に規定してしまって，それを基盤にする方法である．昔はたいてい第1の方法だったが，第2の方法の方が簡便だという理由で，最近はこちらもふえてきている．

　しかし，この2つの方法は，その見かけほどには，違うものではない．有理数で実数を近似するというのは，有理数だけでは「すきまだらけ」で，実数のように「つまって」

いないから，実数をつめるわけだし，実数の基本性質には，この「すきまなくつまっている」という「連続性」（関数の連続とは，全然べつの概念！）があり，それが公理の「カナメ」になっている．すなわち，第1の方法にあっては，「連続性」をもたすように有理数を補塡するのであり，第2の方法では，実数は「連続性」をもっている，というところから出発するわけ．

このことは，「なぜ実数論をやるか」の考え方の変化とも関係している．昔は，実数を明確な対象として建設すること，いわば「論理のための倫理」が力点をおかれたものだ．もちろん，必要と無関係に「倫理」だけを強調されることは，「倫理的人間」以外にとっては，ヤリキレヌことだろう．ぼく自身も含めて，若いころにはこの「倫理」にあこがれた人間が数学者の中には多いが，それは一方で，「実利主義者」の反感をよぶところともなろう．実際は，たしかに，これらの理論によって明らかになる「連続性」が解析学の理論的建設にとって有用でもあるのだ．その意味では，この概念を明らかにすること，すなわち，「実数の連続性とはなにか」を追究すること，こちらの方へ「実数論」の意義が移行してきた．だから，「実数論なんて，なぜやるのかわからん」などといわずに，この実数の基本性質を理解することに焦点をおけばよいだろう．

ところで，第1の方法による構成的方法でも，デデキントの順序完備化というのと，カントルの完備化というのとがある．これも，ふつうに多いのはデデキントの方だが，

デデキントよりもカントルの方が，方法論一般としては，数学の諸分野に適用場面が多いので，数学者の中にはカントルを好む人もある．この「完備 (complete)」ということばは，ふつうに訳せば「完全」だが，perfect の方をべつに使った（のはカントルの時代で，今はあまり使わないのだが）ためか，「完備」といった特殊な術語を使っている．要するにココロは，有理数だけでは不完全なので，すきまを塡めて完全にしよう，ということだ．

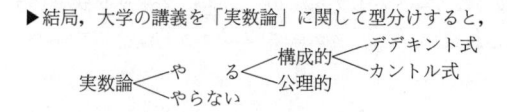

▶結局，大学の講義を「実数論」に関して型分けすると，

実数論 ─ やる ─ 構成的 ─ デデキント式 / 公理的 ─ カントル式
      ─ やらない

この順序完備という方は，極限概念についての性質にホンヤクすると，コンパクトという概念になる．この

コンパクト と 完備

というのが，実数の2大性質で，この概念が基礎になるのである．その意味では，両方の実数論が必要なはずだが，「論理の節約」から，たいていは一方だけで，他方も適宜とり入れてこなしている．論理のゴチャゴチャの方は講義にまかせて，ここでは，これらの概念について説明しようというわけ．じつは，むずかしいのは概念の方だし，有意義なのも概念の方である．

しかし，「むずかしい」とはいったが，考え方としては，昔からのことを基礎にしているともいえる．そのためには，直線上で，

点とは何か

ということについて，反省してみればよい．

点の認識には，じつは，2つの方式がある．

まず，「2直線の交点」というのがある．また，「区間の端」というのもある．これは，直線が平面を2分することを考えれば，同じともいえる．つまり「直線上の領域の境界としての点」，だいたいにいえば，これがデデキント式実数論のもとになる．「2本の直線の交わりは点になる」といったのは，ユークリッドだから，ユークリッド式といえるかもしれない．

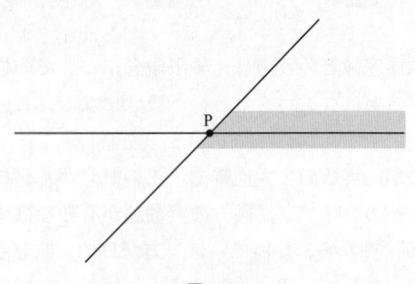

図 3.1

もう1つは，「位置の表象」という考え方である．「点とは位置における統一である」といったのがピタゴラスといわれることからすれば，ピタゴラス式ともいえるかもしれない．点の概念の説明によく使われる方式で，点Pを示すために，I_1 にはいっている，I_2 にはいっているというよう

に，だんだん範囲をせばめて精密化していく．この極限では，区間の長さがだんだん短くなって，ついには0になるわけで「点とは位置だけあって，大きさのないものだ」などというのは，これから来ているのだろう．この原理は「区間縮小法」ともよばれ，カントル式実数論のもとになっている．

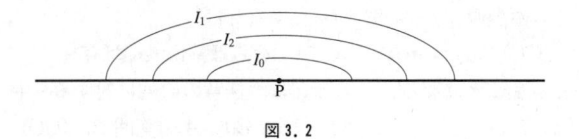

図 3. 2

なんとなく，「点」といって使っているが，この2つの考えは，たしかに発想に差があるのがわかろう．デデキント式の方ではズーット，領域の中を（大小の順序にしたがって）端に近づけていくので，順序が基礎になる．これに対して，カントルの方では区間のハバをどんどん縮めていくので，区間のハバが基礎になる．それゆえ，方法論一般としては，デデキントは順序の構造，カントルはハバの構造と結びつくのである．

さて，これから，もう少しキッチリした定式化をしていくのだが，「キッチリ」の方は主として講義や教科書にまかせて，考えのポイントを中心に書く．講義が最初にあげた「実数論をやらない方式」の場合にも，「実数の連続性とはなにか」の認識を深めるため，ぐらいの軽い気持で読んで

ほしい.

順序完備とコンパクト

極限の存在のために，有界単調数列ならよかった．すなわち，たとえば

$a_0 \leq a_1 \leq a_2 \leq \cdots \leq a$ ならば $\lim a_n$ は存在する．

この極限値に $+\infty$ や $-\infty$ もゆるせば，

(OC) $a_0 \leq a_1 \leq a_2 \leq \cdots$ ならば $\lim a_n$ は存在

ということになる．このことは，任意の数列に対する「右端の存在」をいっている．一般に領域 A の範囲で，(OC) および，不等号を反対にしたもの，がなりたつとき，A は順序完備であるという．A のどのような部分も，A の中で両端をもつ，ということである．すなわち，単調数列の極限の存在というのは，実数の両端に $+\infty$ と $-\infty$ をつけ加えたものが，順序完備である，ということを意味している．$+\infty$ や $-\infty$ を考えないときは，有界閉区間は順序完備，といってよい．

有理数だけだと，こうはならない．

たとえば，

$$\{x\,;\,x^2 \leq 2\}$$

は両端がないことになる．つまり，無理数のところにスキマがあり，そこを塡めて「完全」にせねばならないわけである．

この「領域 X の端」という概念をもっと一般的な形に定

図 3.3

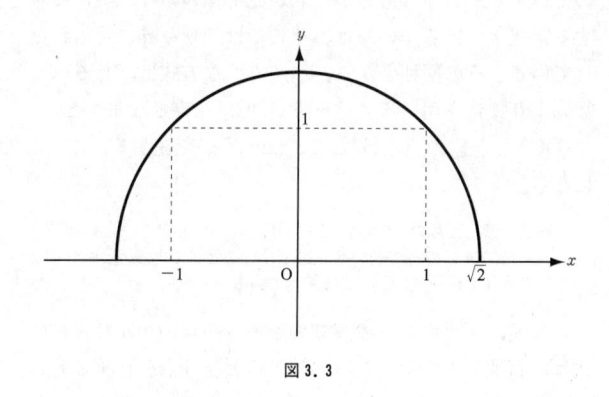

式化したものが上限である．

X の上限 a というのは，ふつう

1) 任意の $x \in X$ に対し $x \leq a$,
2) 任意の $x \in X$ に対し $x \leq b$ ならば $a \leq b$

というように定義される．
ギリギリの右端ということ，不等号を反対にすれば下限である．この上限について，

$$a = \sup X$$

という記号を用いる．

▶上限と，それを使った式の練習をするとよいのだが，この講座はヨミキリ連載だったのでママナラヌ．演習をしておくとよい．

さて，数列についての条件というのは，ヒトツヒトツ眺

めていくオモムキはあるが、形が見やすいのは、集合に対する定式化である。いわば、そこではイッキョに眺めわたしている。その便利さから、ハイカラな方式は、なるべく数列より集合を用いる。それで（OC）を書きなおすと、

(OC′)　任意の X に対して、$\sup X$ が存在する。

になる。

▶じつは、実数の上では、ズーット端に近づくのを、自然数のノリモノ n にのってドンドン近づけることができる、ということを、(OC) → (OC′) には使っている。

ここで、デデキントの実数論というのは、かんたんにいえば、有理数の中で、領域の端のことを「点」=「実数」とよぼう、ということである。ただし、右端を共有するいろいろな集合がありうる。そこで、標準化のためには、最大のもの、半直線領域 X をとればよい。すると、残りの方 Y も半直線であって、結局、有理数を2つの半直線で分割したことになる。境界が有理数のときは、たとえば左に入れるとでもきめておけばよい。このように2分するので、(X, Y) のことを「デデキントの切断」といっている。

ここで、古典的な方式では、分割の際に、一方が空集合であるのを認めない。最近のハイカラな方式では、数学の習慣として空集合に対する人権が認められており、X が全体で Y が空のときは X の右端のことを $+\infty$、X が空で Y が全体のときは X の右端（Y の左端）のことを $-\infty$ として、$+\infty$ と $-\infty$ まで入れてしまう。

この順序完備というのは、順序の関係する性質で、数列

にしても，単調列についてだけだが，同値な条件で，順序を使わない性質になおしておこう．いま，$x \in A$ が，x を内部に含む区間 I_x をもっていたとする．このとき，

(BL) 有限個の $x_1, x_2, \cdots, x_n$ が存在して，
$$A \subset I_{x_1} \cup I_{x_2} \cup \cdots \cup I_{x_n}$$
という性質を考える．キミョーな条件だが，これは，解析学ではきわめて便利な性質である．なぜなら，微積分などで，各点のごく近所の性質（局所的性質）が明らかになることがあって，その性質が全体の性質（大局的性質）として保証できるかどうか，問題にしたいことがある．つまり，I_x ごとに保証された性質が，A 全体で保証できるかどうか，が問題になる．このとき，有限個をつなぐならまだしも，ズーット連続的につなげるかどうかはアヤシイということがある．そのときに，(BL) があればよいわけである．だから，いわば (BL) は局所的性質を大局的性質へつなぐときの有限性，とでもいったものなのである．

▶ x が I_x というカサをさしている，と考えて，その有限個だけでマニアウ，というわけだから「カサヤのもうからぬ」性質といったりする．B は Borel，L は Lebesgue．

ところが，
$$(OC') \to (BL)$$
が証明される．ここで，A 自身も両端があるので，$A = [a, b]$ としておく．

いま，
$$X = \{x \,;\, [a, x] \text{ は (BL) をみたす}\}$$

とすると，$c = \sup X$ について，$c < b$ ならば，
$$[a, c] \subset I_{x_1} \cup I_{x_2} \cup \cdots \cup I_{x_n} \cup I_c$$
となり，I_c の範囲では c よりモットサキまでが (BL) をみたすので，矛盾．

▶ こんな「証明」ははじめて，とキツネにつままれたような気がする，とたいていの学生がボヤク，ルベーグの証明．いくぶんかはナレの問題でしかたがない．

さらに，もうひとつ，

(BW)　任意の $\{a_n\}$ は収束部分列を含む．

という性質を考える．$\{a_n\}$ は，一般の数列だから収束するかどうかわからない．しかし，n は無限にあるので，全部をとってはだめだが，うまく適当な n_k 番めだけをとっていけば，$\lim a_{n_k}$ は収束させられる，ということ．これも一種の有限性で，A の範囲で無限にウロウロするからには，どこかにイキサキを見つけずにはおれない，ということ．

▶ B は Bolzano，W は Weierstrass．

ここで，

$$(BL) \to (BW)$$

である．もし，(BW) がなりたたないとすると，各点 x の十分近くには，無限個の a_n がよりつくことはない（どんなに近くとっても，a_n がくっついてくるようなら，そのようなものだけ（部分列）とれば，x に収束することになってしまう）．そこで，I_x として，a_n が有限回しかはいらないようなものをとると，(BL) でその有限個で A が覆えることになって，a_n が無限にあることに矛盾．

最後に，

$$(\mathrm{BW}) \to (\mathrm{OC})$$

である．$a_0 \leqq a_1 \leqq a_2 \leqq \cdots$ で $\lim a_{n_k}=a$ とすると，これは，任意の $\varepsilon > 0$ に対して十分大きな K をとりさえすれば，

$$k \geqq K \quad \text{なら} \quad a-\varepsilon \leqq a_{n_k} \leqq a$$

というわけだが，単調だから，

$$n \geqq n_K \quad \text{なら} \quad a-\varepsilon \leqq a_n \leqq a$$

でもあって，$\lim a_n=a$ となる．このことは，単調列では，収束部分列をもてばはじめの数列が収束する，ということを証明したことにもなっている．

さて，これらは全部同値になったわけで，とくに (BL) と (BW) は，極限に関しての性質である．この性質をコンパクトという．語感からいうと，ギッシリツマッタというところか．(BL) はギッシリツマッテいるからスキマに落ちずに有限のハッソートビができるということだし，(BW) の方はギッシリツマッテいるから無限列には（部分列を選べば）スキマに消えることなくイキサキがある，というわけ．このコンパクトという概念は，「位相空間論」でもっとも基本的な概念だが，それほど把握しやすい概念ではない．いまのところ，だいたいのカンジを把握しておくことがだいじだろう．この意味で，デデキントの実数論のことを，順序完備化というかわりに，コンパクト化ということもある．

▶あまり把握しやすくないので，新入生にキノドクだから，「実数

論はやめる」という意見も出るのだが……．

コンパクトについて基本的なことのひとつは，

[定理] f が連続のとき，A がコンパクトなら $f(A)$ もコンパクトである．

古典的な形でいえば，

[最大値の定理] $[a,b]$ で f が連続なら，
$$\sup f(x) = f(c)$$
となる c がある．

になる．この証明は (BW) を使うのが，いちばん自然である．$\sup f(x)$ というのは，$\{f(x)\,;\,a \leq x \leq b\}$ の右端のことで，適当な x_n をとって，$\lim f(x_n) = \sup f(x)$ とできる．ここで $\{x_n\}$ は収束するかどうかわからないが，部分列 $\{x_{n_k}\}$ をとれば，$\lim x_{n_k} = c$ とできる．f の連続性から $\lim f(x_{n_k}) = f(c)$．

完備

▶ここでは，$\pm\infty$ は考えない．

こんどは，$\lim a_n = a$ のとき，目標 a ではなくて，a_n 相互の関係を問題にしよう．
$$\lim(a_n - a_m) = 0$$
正式にいえば，

　　任意の $\varepsilon > 0$ に対して，適当な N をとれば，
　　　　$n, m \geq N$　ならば　$|a_n - a_m| \leq \varepsilon$

のとき，$\{a_n\}$ をコーシー列という．ここで，
$$|a_n - a_m| \leq |a_n - a| + |a_m - a|$$

だから，収束列はコーシー列である．ところが，一般にコーシー列というだけでは，a_n 相互の間隙が縮まるだけで，目当ての極限があるかどうかわからない．有理数だけの範囲だと目標が無理数に落ち込んでしまうかもしれない．

ここで，

(C) コーシー列は収束する．

という性質をもった集合を完備という．これは，実数のもう1つの基本性質で，この性質をもたすように，有理数から実数を構成するのが，カントルの実数論である．カントルの古典的な形は，このままだが，区間列を使う方がハイカラで（便利で），またイメージがとりやすいから，そちらで説明しよう．

▶古典的なカントル式の講義もあるかもしれないが，以下と同値である．

区間列 $I_1 \supset I_2 \supset \cdots$ について，収束列
$$\lim I_n = a$$
というのは，I_n がドンドン縮まって a に近づく．正式にいえば，

$b < a < c$ となる任意の b, c に対し，適当な N をとれば，
$$n \geq N \quad \text{ならば} \quad I_n \subset [b, c]$$

と定義する．これに対し，I のハバを $d(I)$ であらわすことにして，
$$\lim d(I_n) = 0$$
のとき，コーシー列という．もちろん，収束列はコーシー

列である．こちらでいえば，完備というのは，

(C′) コーシー区間列は収束する

になる．この同値の証明は，区間列と区間の中にとった点の列とを，おきかえればよい．このようにしておくと，区間を縮めていって点に到達するという，点概念の認識との関連がはっきりするだろう．

そこで，こちらの方では，有理数から実数を構成するのは，有理数における区間縮小の極限を「点」と考えればよい．ただし，同じ極限になる，いろいろな区間列がありうるので少し困るが，たとえば，コーシー列 $\{I_n\}$ に対し，どれかの I_n を含む区間を全部いれて標準化するなどの方式をとればよい（少しデリケートなことがありうるが，それは「技巧」上のことにすぎない）．要は，「区間縮小の原理」の意味を知ること．

ところが，順序完備化と完備化は，べつの発想にたっているわけで，それぞれに構成原理も違う．双方が重要なのだから，一方の構成をすれば他方も自然に満足されることが保証されねばならない．

▶「数学的」にいえば，順序完備化してつくった実数（から $\pm\infty$ を除いたもの）と，完備化してつくった実数とが同型になること．

そのために，まず，完備とは有界な部分での性質であることに着目して，

[定理] コンパクトな集合は完備．

がいえるので，(有界な範囲で) 順序完備化をすれば，完備

がいえる．この定理の証明は，たとえば（BW）からわかる．$\{a_n\}$がコーシー列として，（BW）から$\{a_{n_k}\}$を収束部分列 $\lim a_{n_k}=a$ とする．コーシー列ということは，

$$n, m \geq N \quad \text{なら} \quad |a_n - a_m| \leq \varepsilon$$

だったので，とくに m として n_k をとり，その極限をとると，

$$n, n_k \geq N \quad \text{なら} \quad |a_n - a_{n_k}| \leq \varepsilon$$
$$\text{したがって} \quad |a_n - a| \leq \varepsilon$$

で，収束列になる．これは，コーシー列が a に収束する部分列をもてば，a に収束する，ということを証明したことになる．

▶ここに＜ではなくて，≦を用いた便利さがある．

一方，逆に，

[定理] 有界な完備集合はコンパクト．

もいえる．これは（OC）でも，（BW）でも，（BL）でも，どれかを示せばよいが，「区間縮小の原理」を使うことに変わりはない．たとえば，（OC）ならば，$b \leq a_0 \leq a_1 \leq \cdots \leq c$ のときに，$[b, c]$ を 2 等分すると，そのどちらか（I_1 とする）には，a_n が無限にはいっている．その区間をまた 2 分して，I_2 に a_n が無限にはいっている，……というようにして，$I_1 \supset I_2 \supset \cdots$ がつくれ，I_n はコーシー列になる．完備性から，この極限 a があり，それに収束する $\{a_n\}$ の部分列があることになる．単調列では，収束部分列をもてば収束したから，（OC）が成立する．

▶（BW），（BL），「最大値の定理」，それからあとにやる「中間値

の定理」もすべてこの種の方式でやる「区間縮小一元論」もある．方法論的に一元的な点がよいともいえるが，概念の分離の観点からは，この定理のために一度使うだけの方がはっきりする．ぼくは，同じ方法を何度も使うのはチャート式できらいだ．

連結

さきの2つより重要性は少し劣るが,「実数の連続性」では，キレメがない，という概念もある．A がきれめで2つに分けられるというのは，空でない2つの部分 A_1 と A_2 に分けて，それぞれの領域から他方へ接続できない，すなわち，

$$a_n \in A_i, \lim a_n = a \quad \text{ならば} \quad a \in A_i$$

ということである．このようにできないとき，A はヒトツナガリなわけで，A は連結であるという．これは，順序完備に近いが，A 全体の両端はあってもなくてもよい．そのかわり，順序完備の方は $[a, b] \cup [c, d]$ $(b<c)$ のようにトビチがあってもよいが，連結の方はあってはいけない．すなわち，実数についていえば，連結集合とは区間（開区間でも閉区間でも，また有限でも無限でもよい）のことなのである．この性質に関しては，

［定理］ f が連続のとき，A が連結なら $f(A)$ も連結．

が成立する．これは古典的な形式では，

［中間値の定理］ $[a, b]$ で f が連続で，$f(a) < d < f(b)$ のとき，

$$f(c) = d$$

となる c がある．

になる.この証明は,このようなcがなければ,$\{x\,;\,f(x)>d\}$と$\{x\,;\,f(x)<d\}$とで区間$[a,b]$が2分されることになって,連結性に反することをいえばよい.

▶これは連結性の定理だが,実数の場合はコンパクト性に近いので,さきの区間縮小によるコンパクトの定理のような証明がされるわけ.なお,これからfのグラフが連結であることもわかるが,これは連続関数の性質(逆は成立しない)で,定義ではない.

これで「実数の性質」と「連続関数の性質」の主要な部分がすんだわけだが,いろいろな概念の出てきた点がわかりにくかったかとも思う.じつは,これは「実数論」とはいっているが,「位相空間論」のサワリをやってしまったことになっているのだ.すなわち「実数論」をやるということは,概念を明示しながらやるなら,「位相空間論」をやることにほかならない.そしてせっかく「実数論」をやるからには,そのような意識がなければつまらない.そのため,「実数論をやらない方式」があるわけだが,ここではその反対の「いちばん本格的に実数論をやる方式」の解説をしたわけだ.実際には,この中間的な段階があるのだが,自分の受けている講義はどの方式か,そして,その議論はどういう意味をもっているか,といった理解が,大学生であるからには望ましい.

いままで,ウルサガタの講義を予想して解説を続けてきたのは,その場合に学生の戸惑いがいちばん大きいからである.次回からは,ウルサガタとアッサリガタの両方にきくように本論の微積分にはいっていきたい.最後に,今回

の要約をしておくと,「実数の連続性」と感覚的にいうが,それを分析して数学的概念に定式化すると,順序完備(および,コンパクト),完備,連結といったように,分岐してくるわけで,しかもそれぞれの概念が数学で基本的な役わりを果たす(その一般的体系化が「位相空間論」というわけ)ようになっていくということ.

4. 微分 (differential)

1 変数の微分

　微分や積分の概念について，根本的には，高校だろうと大学だろうと，変わりのあろうはずがない．それでも，いろいろなところで多少の考慮をせぬわけにはいかない．その決定的な理由は，高校では1変数関数の微積分しかやらなかったのに対し，大学では新しく，多変数関数の微積分をせねばならぬことによる．それに伴って，1変数の範囲でも，高校のときと少し違った考え方に慣れておかねばならない．

　たとえば，微係数 $\dfrac{dy}{dx}$ について，高校では，dy や dx を単独に用いることはしないことに（「指導要領」では）なっている．それと同じく，f の積分とはいっても，$f dx$ の積分という言い方もしない．本来，これは，$f dx$ の積分，もしくは f の dx による積分，というのが正確な言い方である．

　1変数関数の範囲だと，高校のときのようでもすむが，大学へはいって，多変数関数の微積分まで扱うには，この種のことに注意しておかないと，さきへ発展できない．それでとくに，モダンな方式ほど，dx や dy を単独で使うことが多い．古いスタイルでは，できるだけ単独に使

わないやり方もあるが，多変数の場合まで考えると，思い切って慣れてしまう方がかえって簡単である．

微分というと，「瞬間における速さ」ということがある．瞬間というのは，時間軸上の点のことで，もちろん時間経過はない．時間経過がなければ，その間に移動がない．それでは速さは 0 ではないか，というと，ゼノンの逆説になってしまう．

いったい，X sec 間に Y m 進むとして，1 sec あたり

$$a\text{m/sec} = \frac{Y\text{m}}{X\text{sec}}$$

というのが，小学校での

　　　　　　（速さ）＝（距離）÷（時間）

だった．このことの背景には，X を変数として，正比例関数

$$Y\text{m} = a\text{m/sec} \times X\text{sec}$$

すなわち

　　　　　　（距離）＝（速さ）×（時間）

（一般には　（変量 Y）＝$(\frac{Y}{X}\text{の変化率 }a)\times$（変量 X））

がある．これは，等速運動を前提としている．すなわち，どの 1 sec にも a m ずつだから，カケ算ができるのである．

ところで，等速運動というものは，人工的なもの以外に，自然には存在しえない．なぜなら，自然界の事物はたがいに影響し合うからだ．「他の影響がなければ運動の状態は変化しない」，すなわち等速運動をするというのが，慣性の

法則だった．そして，「運動の状態が変化するのは，それが力を受けているのである」というのが運動法則だ．そこで，等速運動というものは，近似的にのみありうる《理想の世界》のできごとである．

ところが，この正比例関数
$$X \longmapsto Y = aX$$
が，すべての基礎となるのである．

▶関数の表記法はいろいろあるが，x に y を対応さす，という意味で $f: x \longmapsto y$ を使うことにする．

簡単なことだが，この関数は，a によって規定される．そして，a の性質によって，関数の性質は定まる．たとえば，

1) $a > 0$ なら 増加関数
   $a = 0$ なら 定常関数
   $a < 0$ なら 減少関数

2) $a \neq 0$ なら 逆関数は $Y \longmapsto X = a^{-1}Y$

などがある．

ついでながら，小学校以来の正比例の固定概念から誤りやすい点をあげておくと，

X が増えれば Y が増えても，Y は X に比例するとはかぎらない．

Y が X に比例しても，X が増えれば Y が増えるとはかぎらない（$a > 0$ でなければ）．

Y が X に比例しても，逆関数を考えて X が Y に比例するとはいえない（$a \neq 0$ が必要）．

《理想の世界》

$Y = aX$

《現実の世界》

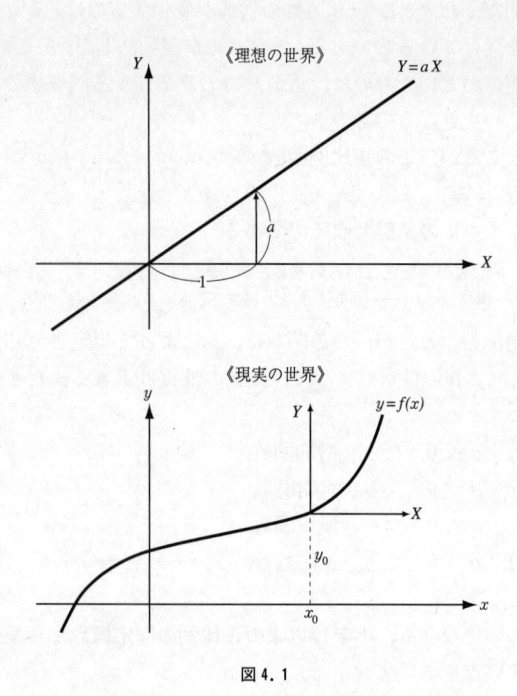

$y = f(x)$

図 4.1

さて，一般の場合として，《現実の世界》
$$f: x \longmapsto y = f(x)$$
を考える．

ここで，
$$y_0 = f(x_0)$$

として，(x_0, y_0) から出発して，変化の状態
$$X = x - x_0, \qquad Y = y - y_0$$
を調べよう．

まず，簡単のために $x_0 < x_1$ について，
$$x_0 \leq x \leq x_1$$
で考えることにして，
$$y_1 = f(x_1), \quad (\Delta x)_1 = x_1 - x_0, \quad (\Delta y)_1 = y_1 - y_0$$
とする．この範囲での近似法則を考える．この間も，等速ではないわけだが，$(\Delta x)_1$ sec に等速で $(\Delta y)_1$ m 行くのなら，速度は $(\Delta y)_1/(\Delta x)_1$ m/sec だから，正比例関数
$$X \longmapsto Y = \frac{(\Delta y)_1}{(\Delta x)_1} X$$
がえられることになる．この関数は正比例関数で，変数 X はいくらでも延長可能である．ただ，「近似範囲」として
$$0 \leq X \leq (\Delta x)_1$$
が，当面考えられるわけである．

これは，
$$x_0 \leq x \leq x_1$$
の間をならして，等速と見たわけで，この $(\Delta y)_1/(\Delta x)_1$ は平均速度（平均変化率）という．この場合，かならず対象となる区間
$$[x_0, x_1]$$
があって，はじめてこの概念は意味を持つ．

しかし，変数 X は $(\Delta x)_1$ より大きい範囲も考えられることに注意．もっとも，このことは小学校以来あることで，

《近似の世界》

$$Y = \frac{(\Delta y)_1}{(\Delta x)_1} X$$

$(\Delta y)_1$

$(\Delta x)_1$

区間 $[x_0, x_1]$

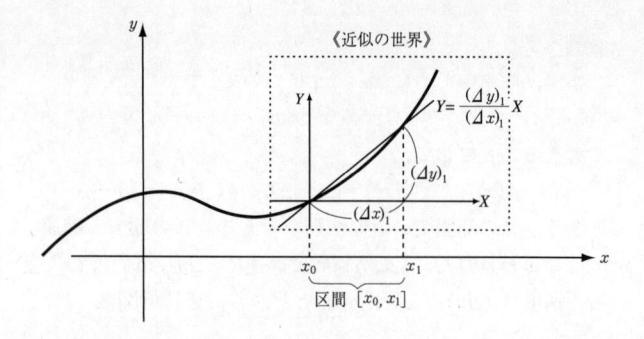

図 4.2

等速運動で 0.5 sec に 2 m 進んだという現象にたいしても，1 sec あたり 4 m という速さを考えるのは，正比例関数における変数の「延長可能性」に依拠していたのである．

ここで，$x_0 < x_2 < x_1$ をとると，どうなるかを見よう．区間としては

$$[x_0, x_2] \subset [x_0, x_1]$$

で，範囲はせまくなったかわり，$x_0 \leq x \leq x_2$ で考えるかぎりでは，$[x_0, x_1]$ でならすよりも $[x_0, x_2]$ でならす方が妥当であろう．さらに $x_0 < x_3 < x_2$ を考えると，範囲はもっとせまくなるかわりに，そのかぎりでの近似の妥当性は増す．

この極限として考えたのが

$$f'(x_0) = \lim_{\Delta x \to 0} \frac{\Delta y}{\Delta x}$$

であり,これを微係数という(微分とはいわない).もちろん,この極限の存在するときにかぎってだが,関数が x_0 の近所でランボーなフルマイをしなければ,この極限はあって,x_n を x_0 に近づけるほど,$(\Delta y)_n/(\Delta x)_n$ の妥当性は増す.当面,この極限の存在することを,「f は x_0 で微分可能」ということにするが,微分可能性とは x_0 のそばで急激にランボーに振動しない,ということを意味している.「当面」と書いたのは,1 変数だとこれでもよいが,多変数の場合も含めて考えれば,微分可能性を「微係数の存在」と考えるためには注意が必要だからである.

そこで,むしろ

$$Y = \frac{\Delta y}{\Delta x} X$$

の極限としての

$$Y = \left(\lim_{\Delta x \to 0} \frac{\Delta y}{\Delta x}\right) X$$

と考えることにする.この正比例関数

$$X \longmapsto Y = f'(x_0) X$$

のことを,x_0 における関数 f の微分といい,df であらわす.

微係数ということばを用いたのは,この正比例関数の係数だからである.このことは「点 x_0 における状態」を示しているといえる.極限をとったので,$[x_0, x_0+\Delta x]$ は極限

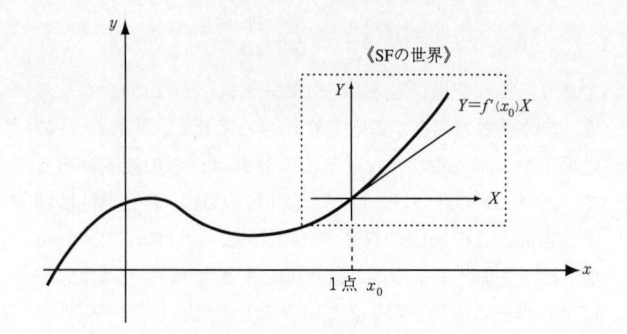

図 4.3

として長さ 0 になったのだが，前に注意したように，変数 X は延長可能で存在している．

はじめの，運動の場合についていえば，これは，「時刻 x_0 に，自己以外の世界が消滅すれば」という《SFの世界》で，以後生ずるはずの等速運動を意味している．この世界のことを，数学用語としては，「x_0 におけるスレスレの (tangential) 世界」といっている．「瞬間 x_0 における速度」というのはこの意味で，瞬間 x_0 において一切の外力が消え失せて等速運動になったとしたら，1 sec 間に $f'(x_0)$ m 進むのである．

▶ tangent というのは '接' と訳すのだが，たとえば 60 点のこともタンジェントという．

ここで，さらに関数
$$g: y \longmapsto z$$

があったとすると，同じく
$$dg : Y \longmapsto Z = g'(y_0) Y$$
になるわけだが，正比例には合成の法則がなりたつ，すなわち

  Z が Y に比例し，Y が X に比例すれば，
   Z は X に比例する

ので
$$Z = g'(y_0) f'(x_0) X$$
になる．この係数の部分は
$$\lim_{\Delta x \to 0} \frac{\Delta z}{\Delta x} = \lim_{\Delta y \to 0} \frac{\Delta z}{\Delta y} \cdot \lim_{\Delta x \to 0} \frac{\Delta y}{\Delta x}$$
という部分である．

このことから，《スレスレ世界》を考えるかぎり，たとえば Z という量は，変数 X にたいするスレスレ世界か，変数 Y にたいするスレスレ世界か，などと考える必要がない．そこで「スレスレ世界の関数」ばかりでなく，「スレスレ世界の量」X とか Y とかを，関数関係と独立に考えてよい．そこで，この X を dx，Y を dy などと書く．

 ▶このことは，正比例の特性（1次性）によっているので，2次以上（2階微分）のときには，これと違って，d^2f は考えられても，d^2y は決まった意味を持たない．もっとも，関数の習慣として，f と y に同じ文字を使う場合も多い．

しかし，正比例関数
$$X \longmapsto f'(x_0) X$$
は x_0 を固定して考えていた．ここで，x_0 を別の時点にえ

らべば，べつの関係になるわけである．正比例関数は係数で規定されたわけで，その係数 $f'(x_0)$ が x_0 の関数になっていることになる．こうして，導関数
$$f': x \longmapsto f'(x)$$
がえられる．正比例関数
$$df: dx \longmapsto dy = f'(x)\,dx$$
というのは，いわば x ごとにスレスレ世界が動きながら，それぞれ正比例関数が考えられていることになる．

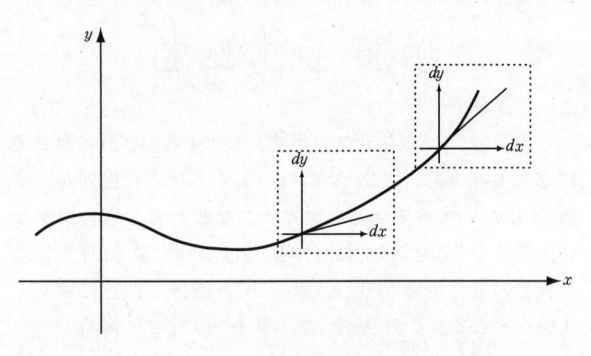

図 4.4

「微分する」ということばは
$$f: x \longmapsto f(x)$$
から，微分
$$df: dx \longmapsto f'(x)\,dx$$
を作ること，を意味するのがよいのだが，慣用的にいろい

ろな場合に使う．たとえば，微分演算
$$D: f \longmapsto f'$$
を意味することもある．

ここで，まぎらわしいが，いくつかのことばを区別しておく．

 df　　：f の微分 (differential)
 dx, dy　：微分 (differential)
 $f'(x)$　：x における微係数 (differential coefficient)
 f'　　：導関数 (derivative)
 D　　：微分演算 (derivation)

ここで，
$$dy = f'(x)\,dx \text{ だから}$$
$$\frac{dy}{dx} = f'(x)$$

という記法が用いられる（このため，D のかわりに $\dfrac{d}{dx}$ ともかく）．

また，

 （無限小変量 dy）
  ＝（無限小変化率 $f'(x)$）×（無限小変量 dx）

などといったりもする．ただ，ここで「無限小 (infinitesimal)」というのは，「小さい」などと考える必要はない．通常行なわれる解釈は

$$\text{infinitesimal} = \text{tangential}$$

で，《SF の世界》において，という意味で考えればよい．
ここで，《現実の世界》の方は，《SF の世界》と，「1 点 x で

接して」いるのである.

ところが，このスレスレ世界を考えることで，いろいろと便利なことは，すでに高校でもやったとおりである. さきの正比例関数の特性に対応しては,

1) $f'(x) > 0$ なら f は x で増加.
   $f'(x) = 0$ なら f は x で定常.
   $f'(x) < 0$ なら f は x で減少.

2) x の近傍で $f'(x) \neq 0$ なら，逆関数 $g : y \longmapsto x$ があって
$$dg : dy \longmapsto dx = (f'(x))^{-1} dy$$
になる.

2 変数の微分

カリキュラムによっては，2 変数関数はあとまわし，という方式もあるが，微分の概念の混乱の分離のためには，2 変数と合わせて考えた方がはっきりする.

「2 変数の正比例」というのは，同次 1 次関数
$$\begin{bmatrix} X_1 \\ X_2 \end{bmatrix} \longmapsto Y = a_1 X_1 + a_2 X_2$$
である. ベクトル記法では
$$\boldsymbol{X} = \begin{bmatrix} X_1 \\ X_2 \end{bmatrix}, \quad \boldsymbol{A} = [a_1 \quad a_2] ;$$
$$\boldsymbol{A}\boldsymbol{X} = [a_1 \quad a_2] \begin{bmatrix} X_1 \\ X_2 \end{bmatrix} = a_1 X_1 + a_2 X_2$$
を利用して,

$$X \longmapsto Y = AX$$

となる．ここで，X は変数のベクトル（タテ・ベクトル），A は係数のベクトル（ヨコ・ベクトル）である．もっと複合の多い形は，「線型代数」の行列算で扱う．

この場合は，1変数と違って Y を X_1 でわっただけでは意味を持たない．

〈$X_2 = 0$ の場合〉

　　（Y/X_1 の条件付変化率 a_1）×（変量 X_1）

〈$X_1 = 0$ の場合〉

+）　（Y/X_2 の条件付変化率 a_2）×（変量 X_2）
───────────────────────────
〈一般の場合〉　　　　　　　　　　（変量 Y）

《理想の世界》

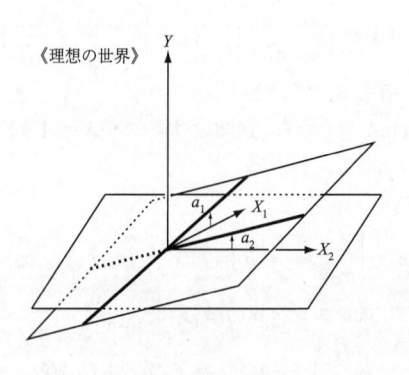

図 4.5

という形になる．

ここで，前の 1) に対応するのは，

  Y が定常であるための条件は，$A = 0$

になる．2) の方は
$$Y_1 = a_{11}X_1 + a_{12}X_2,$$
$$Y_2 = a_{21}X_1 + a_{22}X_2$$
のようなときで，これも
$$X \longmapsto Y = AX$$
ただし，
$$X = \begin{bmatrix} X_1 \\ X_2 \end{bmatrix}, \quad Y = \begin{bmatrix} Y_1 \\ Y_2 \end{bmatrix},$$
$$A = \begin{bmatrix} a_{11} & a_{12} \\ a_{21} & a_{22} \end{bmatrix},$$
$$AX = \begin{bmatrix} a_{11} & a_{12} \\ a_{21} & a_{22} \end{bmatrix} \begin{bmatrix} X_1 \\ X_2 \end{bmatrix} = \begin{bmatrix} a_{11}X_1 + a_{12}X_2 \\ a_{21}X_1 + a_{22}X_2 \end{bmatrix}$$
の場合に考える．このとき

  $\det A \neq 0$ なら，逆関数 $Y \longmapsto X = A^{-1}Y$ がある，

という形になる．

そこで，
$$\boldsymbol{x} = \begin{bmatrix} x_1 \\ x_2 \end{bmatrix} \longmapsto y = f(\boldsymbol{x}) \quad (= f(x_1 \ x_2))$$
について，スレスレ世界の微分
$$\begin{pmatrix} dx_1 \\ dx_2 \end{pmatrix} \longmapsto dy = f'_{x_1} dx_1 + f'_{x_2} dx_2$$
がえられることになる．ここで

$$d\bm{x} = \begin{bmatrix} dx_1 \\ dx_2 \end{bmatrix}, \quad f'(\bm{x}) = (f'_{x_1} \quad f'_{x_2})$$

というベクトル記法では

$$d\bm{x} \longmapsto dy = f'(\bm{x})d\bm{x}$$

になっている.

▶ f'_{x_1} でなく f_{x_1} と書く記号がよく使われるが 1 変数のときとの対応と, f_{x_1} を媒介変数 x_1 を持つ関数に使うこともあるので f' を用いた.
dy は単に微分でよいのだが,全微分ということもある.

ベクトル記法では同じになったが,1 変数の場合といくつかの点で違う.微係数は f'_{x_1} と f'_{x_2} があって(偏微係数),合わせて係数ベクトルを作っている.そこで

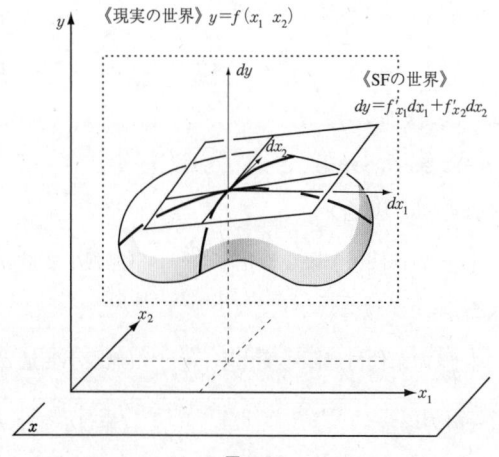

図 4. 6

$$f': \boldsymbol{x} \longmapsto (f'_{x_1} \quad f'_{x_2})$$

はふつうの数値関数ではなくて，係数ベクトルを値にする関数になる．微分演算は

$$D_{x_1}: f \longmapsto f'_{x_1}, \quad D_{x_2}: f \longmapsto f'_{x_2}$$

という2つの偏微分演算が出てくる．このため，微分可能の方も $d\boldsymbol{x} \longmapsto f'(\boldsymbol{x})\,d\boldsymbol{x}$ の存在にしなければならない．また，dy/dx_1 は一般に確定しないので，$dx_2=0$ のとき，という条件付でないと意味を持たない．そこで

$$dx_2 = 0 \text{ のとき } f'_{x_1} = \frac{dy}{dx_1},$$

$$dx_1 = 0 \text{ のとき } f'_{x_2} = \frac{dy}{dx_2}$$

であるが，この「条件付変化率」は

$$\frac{\partial y}{\partial x_1}, \quad \frac{\partial y}{\partial x_2}$$

とかいて，区別する．

▶そこで，D_{x_1} のかわりに $\frac{\partial}{\partial x_1}$ ともかく．

〈$dx_2 = 0$ の場合〉

$\left(\dfrac{y}{x_1} \text{の条件付無限小変化率 } \dfrac{\partial y}{\partial x_1}\right) \times (\text{無限小変量 } dx_1)$

〈$dx_1 = 0$ の場合〉

+) $\left(\dfrac{y}{x_2} \text{の条件付無限小変化率 } \dfrac{\partial y}{\partial x_2}\right) \times (\text{無限小変量 } dx_2)$

〈一般の場合〉　　　　　　　　　　（無限小変量 dy）

となっているのである．

ここで，1) にあたる極値条件や，2) にあたる逆関数の存在（ヤコビアン）などが議論されることになる．そこでの基本は

$$dy = \frac{\partial y}{\partial x_1} dx_1 + \frac{\partial y}{\partial x_2} dx_2$$

につきる．あとは1次式の解析，すなわち「線型代数」である．

5. 指数関数と三角関数（円関数）

指数関数

夏休みだから復習をかねて，指数関数と三角関数についてまとめておこう．ときには，これらを，大学で定義しなおす場合もある．「定義」などは，いろいろな仕方があるもので，しかし，その関連を見抜くことは重要である．

指数関数とは，「倍ましの法則」である．ネズミ算とか，複利とかいってもよい．一定時間 s には，一定倍 $x(s)$ 倍になる．時刻 t のときの量を $f(t)$ とすると

$$f(t+s) = f(t)x(s), \quad x > 0$$

で特徴づけられる．ここで $f(t+s)/f(t)$ が t に無関係で，s だけの関数になるところに特徴がある．ここで，初期値

$$f(0) = c$$

を考えると

$$f(t) = cx(t), \quad x(t+s) = x(t)x(s), \quad x > 0$$

である．

ここで，$t=s=0$ の場合を考えると

$$x(0) = (x(0))^2,$$
$$\therefore \quad x(0) = 1$$

で，時間がたたねば「モトノママ＝1倍」ということを含

んでいる.

つぎに, $s=-t$ とすると
$$x(t)x(-t) = x(0) = 1,$$
$$\therefore \quad x(-t) = \frac{1}{x(t)}$$

となる. これは, 時間 t で $x(t)$ 倍であるからには, 時間 t がたつ前はその「逆数倍」であるということ. これが,「逆数」の意味.

> ▶1次関数（単利の場合）と比較して考えよ. 1次関数については, 一定時間 s での増分 $x(s)$ が s だけの関数.
> $f(t+s)=f(t)+x(s)$, $f(0)=c$ とすると $f(t)=c+x(t)$, $x(t+s)=x(t)+x(s)$. また, $t=s=0$ については $x(0)=0$.
> 同じく, $s=-t$ で $x(-t)=-x(t)$.

また, さきの式は, t と s の2つだが,「2を聞いて n を知る」というのが「帰納法」のことで, 任意有限個について
$$x(t_1+t_2+\cdots+t_n) = x(t_1)x(t_2)\cdots x(t_n)$$
となる. とくに
$$x(tn) = (x(t))^n$$
である. また, $t=sm$ のとき, $x=x(s)$ とすると
$$x(t) = x^m,$$
$$\therefore \quad x\left(t\cdot\frac{1}{m}\right) = \sqrt[m]{x(t)}$$
である.

> ▶1次関数のときは $x(tn)=x(t)n$. これは「t が n 倍になれば, x も n 倍になる」.

$x(1)=a$ とおくと

$$x(0)=1, \quad x(-1)=\frac{1}{a}, \quad x(n)=a^n,$$

$$x\left(\frac{1}{m}\right)=\sqrt[m]{a}$$

となっている．これらに統一的な記法が

$$x(t)=a^t$$

であって，今までの性質をまとめると

$$x(tr)=(x(t))^r$$

となる．ただし，ここまでは，有理数の範囲でしか考えられない．しかし，一般に $x(t)$ は有理数の範囲では連続である（証明は，たいていの本に書いてある）．しかも，単調で，任意の実数にまで連続に延長可能である．

▶このあたりを，クソテイネイにやる教師と，チャランポランにやる教師と，その中間型とがある．

そこで，指数関数とは，連続関数で，主要部分 x については

$$x(t+s)=x(t)x(s), \quad x(tr)=(x(t))^r, \quad x>0$$

とまとめられる．これは，倍率の基準 $x(1)=a$ を用いると

$$a^{t+s}=a^t a^s, \quad a^{tr}=(a^t)^r$$

という，指数法則である．このことは，$t \longmapsto x$ の対応として

$$\text{和} \longmapsto \text{積}, \quad r \text{ 倍} \longmapsto r \text{ 乗}$$

ということを意味している．

▶これにたいして，1次関数の主要部 $x(t)=at$ は正比例で，$x(t+s)=x(t)+x(s)$, $x(tr)=x(t)r$ は，和 $\longmapsto$ 和，r 倍 $\longmapsto$ r 倍であり，$a(t+s)=at+as$, $a(tr)=(at)r$.

ところで，この関数 x は微分可能が証明できる．もっとも，メンドーならば，「自然はナメラカである」と達観して，微分可能性を仮定するという立場もありうるのだが，キチョーメンには，a を与えたときに微分可能性を証明することになる．微分を実行しないですますハイカラな方法は，「連続関数は積分可能である」という定理を用いて

$$x(t)\int_0^s x(u)\,du = \int_0^s x(t+u)\,du = \int_t^{t+s} x(v)\,dv$$

で，右辺が t で微分可能だから $x(t)$ も微分可能になる．

さて

$$\frac{x(t+\varepsilon)-x(t)}{\varepsilon} = \frac{x(\varepsilon)-x(0)}{\varepsilon}\cdot x(t)$$

だから，$\varepsilon \to 0$ として，

$$x'(t) = x'(0)\,x(t)$$

となる．$x'(0)=k$ とおくと

$$\frac{dx}{dt} = kx, \quad x(0)=1$$

という，「指数関数の微分方程式」がえられる．これは，

　　変量 x の変化速度 x' は変量 x に比例する

という，きわめて重要な性質をあらわしている．自然は，しばしばこの性質を顕わす．

▶ 1次関数の場合は $\frac{dx}{dt} = a, \; x(0)=0$ にすぎない．

ここで，k は a によって定まる定数だが，$a \longmapsto k$ は真に増加な連続関数で，逆関数を持つ（このあたりも，キチョーメンにやると長くなる）．すなわち，どんな k にも対

応する a がある．とくに，$k=1$ の場合の底を e とかく．

この場合，積分すると

$$\int_1^x \frac{dx}{x} = \int_0^t dt = t = \log_e x$$

である（今後，底の e は省略する）．このあたりは，講義にバラエティのあるところで，この積分で「定義」した関数の逆関数が指数関数になることをたしかめて，その底を e とおく，という言い方もある．実質は同じである．

これで，ともかく

$$\frac{d}{dt}(e^t) = e^t, \quad \int_1^x \frac{dx}{x} = \log x$$

が，この微分方程式との関連で確立したことになる．

一般に，f についてなら

$$\frac{df}{dt} = kf,\ f(0) = c \quad \longleftrightarrow \quad f(t) = ce^{kt}$$

である．なお，さきの a と k の関連も，これから

$$a = e^k, \quad k = \log a$$

である．

ここで

$$(\log(1+x))' = \frac{1}{1+x}$$

で，とくに

$$\lim_{\varepsilon \to 0} \frac{\log(1+\varepsilon)}{\varepsilon} = 1,$$

$$\therefore \lim_{\varepsilon \to 0}(1+\varepsilon)^{\frac{1}{\varepsilon}} = e$$

でもある．これを e の定義にする方法は，$\log(1+x)$ の微分公式を定義にしているわけで，積分もしくは微分方程式を定義にするのと，本質は変わらない．しかし

　　　微分方程式 $x' = x,\ x(0) = 1$ で定義された関数

と考える方が，ずっと視野は広い．この

　　　微分方程式は関数を特徴づける

という考えの転換が重要なのである．

また，逆関数の対数関数は，

　　　　積 $\longmapsto$ 和，　　r 乗 $\longmapsto$ r 倍

という関係なので，歴史的には数値計算に有効だったのだが，もっと一般的に

　　　積の法則を和の法則に変換する装置

と考えた方がよい．対数微分法も，対数目盛で指数関数を1次関数のグラフに直すのも，すべてこの働きによるわけ．指数関数 e^{kt} の微分方程式も

$$k = \frac{dx/x}{dt} = \frac{d(\log x)}{dt}$$

と考えると，相対変動 dx/x の変化率 k の意味がよくわかる．

三角関数

三角関数の方も，歴史的には，中世以来の「三角比」として定式化されたが，近代科学で基本的なのは，「周期的変動」を解析する基礎すなわち「波をあらわす関数」としてである．これは，もっとも単純には，等速円運動を座標成

分で考察すること，機構的にはクランクの運動としてえられる．振幅 r，初期位相 α，角速度 ω の運動は，
$$\begin{cases} f(t) = r\cos(\alpha+\omega t) \\ g(t) = r\sin(\alpha+\omega t) \end{cases}$$
であり，その基礎になるのは，$r=1$，$\alpha=0$，$\omega=1$ の場合の
$$\begin{cases} x(t) = \cos t \\ y(t) = \sin t \end{cases}$$
である．つまり，単位円上で，$x=1$，$y=0$ から出発して，単位角速度で等速円運動をするときの，x 座標と y 座標が三角関数である．角速度 1 だから，円周上の進行距離は時間に等しいわけだが，これで回転量（＝角）をあらわしているのが，ラジアンでもある．

また，一般の初期位置は
$$\begin{cases} f(0) = r\cos\alpha \\ g(0) = r\sin\alpha \end{cases}$$
になっているが，これは

極座標　⟷　直角座標

の変換公式にもなっている．それは当然で，等速円運動というのは，直接には，極座標で表現されるもので，したがって，三角関数というものは，「極座標と直角座標の橋わたしをするもの」という意味をになっている．このような視野から眺めると，「三角形測量」というのはむしろ付随的なことがらに属する．

ところで，「極座標と直角座標」というと，対立しているが，それを統一的に扱う方法がある．それが，複素数を用

いたガウス平面である．ここで，
$$(x_1+iy_1)+(x_2+iy_2) = (x_1+x_2)+i(y_1+y_2),$$
$$(x+iy)r = (xr)+i(yr)$$
で，加法（と実数倍）については，直角座標の x と y に結びついている．一方，極座標で
$$ru(\theta) = r(\cos\theta + i\sin\theta)$$
とあらわしてみると，r 倍は上でもわかったが，$u(\theta)$ 倍の方は角 θ の回転に対応していることがわかる．それは i 倍が $\frac{\pi}{2}$ だけの回転であることから，$\cos\theta$ 倍と $i\sin\theta$ 倍とを合成してみればわかる（この部分が，三角関数の加法定理の古典的証明のエッセンス）．i 倍はとくに大事だから特記しておくと，
$$iu(\theta) = u\left(\theta + \frac{\pi}{2}\right)$$
で成分にわけるなら
$$\cos\left(\theta+\frac{\pi}{2}\right) = -\sin\theta, \quad \sin\left(\theta+\frac{\pi}{2}\right) = \cos\theta$$
である．

ガウス平面の基本は，$x+iy$ という「加法的分解」は複素数の加法と結合し，$ru(\theta)$ という「乗法的分解」は複素数の乗法と結合し，それらは幾何学的には，直角座標と極座標だから，複素数の四則を考えることが直角座標と極座標の統一を与える，ということにつきる．それゆえに，三角関数を表現するもっとも適切な場はここに見出される．

基礎的な $u(t)$ について考えよう．このとき，角 t まわ

して角 s まわすことは角 $(t+s)$ まわすことになる，などの性質から，指数関数と同じく
$$u(t+s) = u(t)u(s), \quad u(tr) = (u(t))^r, \quad |u|=1$$
がえられる．まえの指数関数 $x>0$ にたいして，こちらは $|u|=1$ であることだけが違っている．これを成分にわけて書いて，加法定理とド・モアブルの定理
$$\cos(t+s)+i\sin(t+s) = (\cos t+i\sin t)(\cos s+i\sin s)$$
$$\cos tr+i\sin tr = (\cos t+i\sin t)^r$$
がえられる（加法定理は，この形で覚えるとよい）．また，微分公式も
$$u'(t) = u'(0)u(t), \quad |u|=1$$
になる．

ここで，$u'(0)$ を求めねばならないが，それは $u(0)=1$ における接線方向すなわち i 方向にある．式でいうには
$$u\bar{u} = 1$$
$$\therefore \quad u\bar{u}'+u'\bar{u} = 0$$
$$\text{i.e.} \quad u \perp u'$$
としてもよい（成分でなら $x^2+y^2=1$ $\therefore$ $xx'+yy'=0$）．この u' の長さが 1 ということが，じつは $\omega=1$ という意味である．結局
$$u'(0) = i$$
となるわけだが，これは成分でいえば
$$\lim_{\varepsilon \to 0}\frac{\cos\varepsilon-1}{\varepsilon} = 0, \quad \lim_{\varepsilon \to 0}\frac{\sin\varepsilon}{\varepsilon} = 1$$
のことである．この 2 つの式のうち，前の式は後の式から

導くこともできるし，$u \perp u'$ のなかにすでに含まれているわけで，本質的なのは後の式である．

そこで，この極限が基本になっているわけで，ふつう，これから「三角関数の微分公式」を導く．これ自体が，三角関数の微分公式の本質的部分ともいえる．ところが今まで，角とか円弧の長さとかを，常識から既知としてきた．これらの「ゲンミツな定義」を試みるにはいくつかの方法があるわけで，それによっては，この極限の式を証明することも意味があるだろう．しかし，これらの概念を既知とするぐらいなら，角速度の概念だって既知としてもよいだろう，とぼくは考えている．それなら，$u'(0) = i$ は自然な結果である．要するに

$$\lim \frac{\sin \varepsilon}{\varepsilon} = 1$$

という式を「フシギナ式」とは思ってもらいたくないので，「自明な式」と考えてほしいのである．

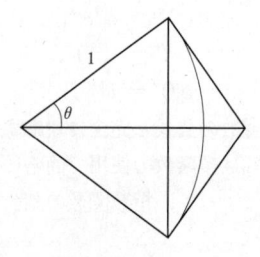

図 5.1

▶たとえば，円周の長さ（一般に凸閉曲線の長さ）を，内部にある凸多角形の周の長さの上限と定義する（図5.1）。このとき，外まわりの方が長さが大きいことから $\sin\theta < \theta < \tan\theta$.

ここで，三角関数の微分公式というのは

$$(\cos t + i\sin t)' = i(\cos t + i\sin t)$$

につきる．微分方程式としては

$$\frac{du}{dt} = iu, \quad u(0) = 1$$

すなわち

　　u を微分するとは，位相を $\dfrac{\pi}{2}$ ずらすことである

というのが基本である．

いままで，指数関数と三角関数とは，その形式において，ほとんど同一であることを見てきた．同一の形式にたいしては，同一の記号を与えることが見やすい．数学では，つねにこのように，記号の意味を拡張していく．そこで，今の場合

$$u(t) = e^{it}$$

という記号を与える．すると，今までの基本公式は

$$e^{i(t+s)} = e^{it}e^{is},$$
$$e^{itr} = (e^{it})^r,$$
$$(e^{it})' = ie^{it}$$

となって，指数関数の公式と完全に対応することになる．三角関数の諸公式は複素数の使用で簡略になり，ついには複素指数の使用によって，指数関数の諸公式に吸収されてしまったわけだ．

▶高校時代，公式を暗記して，アーア損シチャッタ!!

ここで
$$e^{it} = \cos t + i\sin t, \quad e^{-it} = \cos t - i\sin t$$
から
$$\cos t = \frac{e^{it}+e^{-it}}{2}, \quad \sin t = \frac{e^{it}-e^{-it}}{2i}$$
という関係になる．これは，e^{it}を実数部分と虚数部分にわけているのだが，偶関数部分と奇関数部分にわけているともいえる．e^tについても，偶関数部分と奇関数部分との分解は考えられて，それを双曲線関数といい，
$$\cosh t = \frac{e^t+e^{-t}}{2}, \quad \sinh t = \frac{e^t-e^{-t}}{2}$$
とかいて，
$$e^t = \cosh t + \sinh t, \quad e^{-t} = \cosh t - \sinh t$$
となる．

▶一般に，偶関数部分と奇関数部分への分解は
$$F(x) = \frac{f(x)+f(-x)}{2}, \quad G(x) = \frac{f(x)-f(-x)}{2}$$
とするとき $f(x)=F(x)+G(x)$, $F(-x)=F(x)$, $G(-x)=-G(x)$．

ch t, sh t という記号もある．三角関数が円関数ともいわれて $\cos^2 t + \sin^2 t = 1$ なのにたいし，$\cosh^2 t - \sinh^2 t = 1$ となる．

cosh は，現実にも，糸をつるしたり（懸垂線），シャボン玉の輪を考えたり（最小面積回転面）するときに，お目にかかることができる．

高校までの三角関数同様に，双曲線関数の方もゴヒイキのほどを!!

これらは，微分方程式での特徴づけとしては，2つずつ組になっていっているから連立となるわけで，

$$\begin{cases} \dfrac{dx}{dt} = -y \\ \dfrac{dy}{dt} = x \end{cases}, \quad \begin{cases} x(0) = 1 \\ y(0) = 0 \end{cases} \longleftrightarrow \begin{cases} x(t) = \cos t \\ y(t) = \sin t \end{cases}$$

$$\begin{cases} \dfrac{dx}{dt} = y \\ \dfrac{dy}{dt} = x \end{cases}, \quad \begin{cases} x(0) = 1 \\ y(0) = 0 \end{cases} \longleftrightarrow \begin{cases} x(t) = \cosh t \\ y(t) = \sinh t \end{cases}$$

でも「定義」できる.

微分方程式論の基礎として

このように,微分方程式という観点からすると,指数関数と三角関数とは,もっとも単純な型を与え,しかもそれは自然の変化現象のもっとも基本的な型を与えるものである.それゆえに,微分方程式のもっと複合された問題を考えていく基礎になる.また,このような「初等関数」を微分方程式の立場から分析しておくことが,「初等関数」以外の,微分方程式で定義されるような「特殊関数」へと進む準備ともなるだろう.

現在の段階として,もう少し議論を進めておこう.

一般の等速円運動では,$h = f + ig$ を考えると

$$\frac{dh}{dt} = i\omega h, \ h(0) = re^{i\alpha} \longleftrightarrow h(t) = re^{i(\alpha + \omega t)}$$

で,成分で連立にすると

$$\begin{cases} \dfrac{df}{dt} = -\omega g \\ \dfrac{dg}{dt} = \omega f \end{cases}, \quad \begin{cases} f(0) = r\cos\alpha \\ g(0) = r\sin\alpha \end{cases}$$

$$\longleftrightarrow \begin{cases} f(t) = r\cos(\alpha+\omega t) \\ g(t) = r\sin(\alpha+\omega t) \end{cases}$$

である．これを，もう一度微分すると，運動方程式の

$$\frac{d^2h}{dt^2} = -\omega^2 h$$

がえられ，$-h$方向の力につりあうものとしての「遠心力」が考えられるようになる．

指数関数と三角関数に共通した実形式としては，運動方程式（$m>0$ は質量）

$$m\frac{d^2x}{dt^2} = px$$

がえられて

$p > 0$：指数関数
$p = 0$：1次関数
$p < 0$：三角関数

ができ，この式自身

　　力は x に比例する

という法則を意味している．

　▶この意味を考えよ！

ここで

$$v = \frac{dx}{dt}$$

を両辺にかける（積分因子という）と，
$$mv\,dv = px\,dx$$
となり，これは積分（エネルギー積分）して
$$\frac{1}{2}mv^2 - \frac{1}{2}px^2 = \text{const.}$$
となる．このことは，運動（慣性）エネルギー $\frac{1}{2}mv^2$ と弾性エネルギー $\frac{-1}{2}px^2$ との相互転化をあらわしている．

もっと一般に，粘性項を含んだ
$$\frac{d^2x}{dt^2} = px + q\frac{dx}{dt}$$
で，エネルギーが抵抗に消費される場合や，連立の形式でなら
$$\begin{cases} \dfrac{dx}{dt} = \alpha x + \beta y \\ \dfrac{dy}{dt} = \gamma x + \delta y \end{cases}$$
となる一般の場合の分析から「微分方程式論」が開始されることになるのである．

6. 微分を使って

　大学へはいって最初の試験が始まる．試験のために数学があるのでは断じてないが，そこにはまた「季節感」といったものもあるので，この時期に，微分を使うテクニックについての反省をしておくことも，悪いことではあるまい．

　大部分は，高校でもあったことである．ただ，高校時代よりも

　　　テクニックの原理を意識する

ことが第1である．それから，大学の講義は千差万別なので，順序などもいろいろだが，その時々の新しい知識をどしどし使うこと．高校の程度でもできるなどといわずに，

　　　よりよい新しい方法で行なう

ように努めることである．

　高校の範囲で例をあげると

$$y = \sqrt{\frac{1+x^2}{1-x^2}}$$

で y' を求める，という問題があったとしよう．これは，合成関数の微分にすぎないが

$$x \longmapsto x^2 \longmapsto \frac{1+x^2}{1-x^2} \longmapsto \sqrt{\frac{1+x^2}{1-x^2}}$$

といった分解を，1つずつ微分していくなんてことは，ふつうはしない．たいていは，2段階程度にまとめるのだが，3段階以上を2段階にまとめるのは，どこで区切るかという意識が必要になる．それは，この

　　　計算の各部分についての価値判断

からなされる．この場合なら

$$y' = \frac{1}{2}\sqrt{\frac{1-x^2}{1+x^2}} \cdot \left(\frac{1+x^2}{1-x^2}\right)'$$

とするだろう．このあとは，商の微分でもよいが

　　　微積分計算はなるべく加法的に

ということから

$$\left(\frac{1+x^2}{1-x^2}\right)' = \left(\frac{2}{1-x^2}-1\right)' = \frac{4x}{(1-x^2)^2}$$

とする方がよい．じつは，バカテイネイには，$x \longmapsto x^2$ とか，$x \longmapsto 2x$ とか，たくさんの単純な関数の合成に分解しているのだが，この程度は，人間なら頭の中でできるわけである．ところが，対数関数の微分を知ると，「対数とは加法化すること」だから，この原理をもっと徹底させることができることになる．すなわち

$$\log y = \frac{1}{2}(\log(1+x^2) - \log(1-x^2))$$

を微分して

$$\frac{y'}{y} = \frac{x}{1+x^2} + \frac{x}{1-x^2} = \frac{2x}{(1+x^2)(1-x^2)}$$

となる．もちろん，この方が「進んだよい方法」といえるだろう．

▶一切の判断なしに計算していてはやりきれない．電子計算機による微分計算は，今のところ，この段階に近いが，間もなく「判断をしない学生」より優秀になるだろう．

しかし，以下では，なるべく共通で普遍的なテクニックと形式で書く．これは，それが標準的というわけではない．むしろ，「大学生」であるからには，もっと新しいテクニックを駆使しないことにおいて不満ですらある．

いくつか，例題で見ていこう．

[例題1]　$a > 0$ のとき，$a \leq x < +\infty$ で定義された関数

$$x \longmapsto \left(1 - \frac{a}{x}\right)^x$$

の増減をしらべよ．

こんな場合は

　　くらべやすい形に帰着させる

というのが，一般原理である．$x \longmapsto \dfrac{a}{x}$ は真に減少，$x \longmapsto \log x$ は真に増加だから

$$f(x) = \frac{\log(1-x)}{x} \qquad (0 < x \leq 1)$$

の増減をしらべることと同じである．

▶a を残して $\dfrac{\log(1-ax)}{x}$ でも，計算はほとんど同じ．

微分すると

$$f'(x) = \frac{-1}{x^2}\left(\frac{x}{1-x} + \log(1-x)\right)$$

で，この正負をしらべることになる．それは
$$g(x) = x+(1-x)\log(1-x)$$
の正負でわかる．$g(0) = 0$ で
$$g'(x) = -\log(1-x) > 0$$
となって，$g(x)>0$ となる．そこで，f は真に減少となり，最初の関数は真に増加となるわけである．

▶ここで，$1-x$ や，$\log(1-x)$ を変数と見てもよいが，この場合は，ほとんど計算は変わらない（分数が少なくなるために，簡単になることが，一般には多い）．

なお，ここでは，$\log 0 = -\infty$ という記法の許容を前提で，$0<x\leqq 1$ と書いたが，その記法が認められてないならば，そこについての注意が必要になる．0のところも，注意しておくに越したことはないが，いずれも，「問題にとって本質的でない」という判断を持つことが本質．

この例題で重要なことは，「微分しやすい主要部分」をつねに選択しながら進んでいくことにある．ところが，たとえば，テイラー級数を学んだあとなら，$0<x\leqq 1$ で
$$\frac{\log(1-x)}{x} = -1-\frac{x}{2}-\frac{x^2}{3}-\cdots$$
になる（ただし，ふつうの「収束」とちがって，$\log 0 = -\infty$ もいれてある）．ここで，各項は，$x\geqq 0$ で真に減少な関数（係数が負）だから，その和も真に減少となる．じつはこちらの方が，「大学生にふさわしい解答」かもしれない．

これがもう少し進むと，関数の変化状態をしらべること，いわゆる「グラフをしらべよ」という問題になる．こ

の場合，原則的なことは

　　　大局的から局所的に

ということである．まず，大局的に

　　　関数の変動の範囲，対称性や周期性，特異点の状況

をしらべ，そのあとで

　　　増減，凹凸，とくに極値や変曲点

というコースの方がよい．

例題で見よう．

［例題 2］　$x>0$ で定義された関数
$$y = x^{\frac{1}{x}}$$
の変化の状況をしらべよ．

この場合

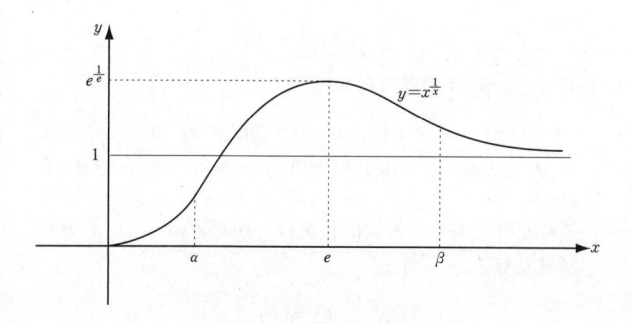

図 6.1

$$\log y = \frac{\log x}{x}$$

で，特異点というのは，両端の 0 と $+\infty$ である．

まず，$x \to 0$ の状態をしらべ，関数はそこまで連続に延長する．

$$\lim_{x \to 0} \frac{\log x}{x} = -\infty$$

$$\therefore \quad \lim_{x \to 0} x^{\frac{1}{x}} = 0.$$

また，同じく

$$y'_+(0) = \lim_{x \to 0} x^{\frac{1}{x}-1} = 0.$$

▶ $0^{-\infty}=0$ と考えておいてもよい．これは「不定形」でない．

つぎに，$x \to +\infty$ をしらべる．

$$\lim_{x \to +\infty} \frac{\log x}{x} = 0$$

$$\therefore \quad \lim_{x \to +\infty} x^{\frac{1}{x}} = 1$$

であって，$y=1$ が漸近線になっている．

▶ $x \to +\infty$ のとき $\log x \ll x$ ということ（一般に $\lim\left(\dfrac{f}{g}\right)=0$ を $f \ll g$ と書く）．これは基本事項のひとつ．ロピタルの定理からわかる．

これだけでもう，大局的状況はつかめている．y' をとって増減を見ると

$$y'(x) = \frac{x^{\frac{1}{x}}}{x^2}(1-\log x)$$

となって，$0<x<e$ で真に増加，$e<x<+\infty$ で真に減少

になっている．これだけで，だいたいの「グラフ」は見当がつくわけで，凹凸についても，ほぼ図6.1のようになることが予想される（もしそうでないとしても，たとえば，a の付近で「微妙な波」があって変曲が3度生ずる，といったことの可能性にすぎない．じつは（実）指数関数は，あまり波だたないことを特性にしているので，そんなことのアルハズガナイ）．

しかし，凹凸をはっきりいうのに，メンドーだが，y'' を求めてみよう．

$$y''(x) = \frac{x^{\frac{1}{x}}}{x^4}((1-\log x)^2 - x(1+2(1-\log x)))$$

$$= \frac{x^{\frac{1}{x}}}{x^4}((1-\log x)^2 - 3x + 2x\log x)$$

となる．ここで，カッコの中の正負をしらべるのだが，log

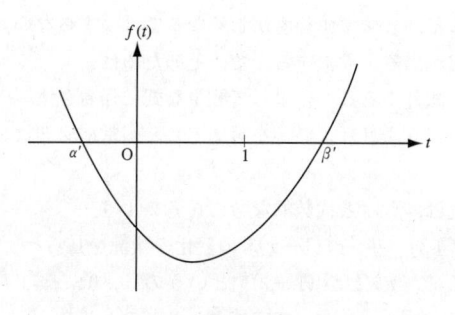

図 6.2

x というのは微分すると分数式になってイヤだから，$\log x = t$ とでもおいて

▶ $1-\log x = t$ でも似たようなもの．
$$f(t) = (1-t)^2 - 3e^t + 2te^t$$
をしらべることにする．ここで
$$f'(t) = -2(1-t) - e^t + 2te^t$$
$$f''(t) = 2 + e^t + 2te^t > 0$$
で，f は真に凸で，根は多くとも 2 つである．ところが
$$f(-\infty) = +\infty, \quad f(0) = -2$$
$$f(1) = -e, \quad f(+\infty) = +\infty$$
だから，$-\infty < t < 0$, $1 < t < \infty$ に，それぞれ 1 つずつの根 α', β' がある．$\alpha = e^{\alpha'}$, $\beta = e^{\beta'}$ が y の変曲点になっているわけである．

この種のことに微分を使うのは，「わかるようになるまで微分しろ」ということには相違ないのだが，微分すればするほど，ますますむずかしくなってはつまらない．やさしい式が出るようにするので，そのために

　　　微分することによって簡単な式に帰着さす
には，どうすればよいかを考えることが常に必要なのである．

今度は，もっと代数的なものを考えよう．

[例題 3]　$y = x^{\frac{1}{3}}(1-x)^{\frac{2}{3}}$ の変化の状況をしらべよ．

ここで，$x^{\frac{1}{3}}$ とか $(1-x)^{\frac{2}{3}}$ というのは，$0 \leq x \leq 1$ だけでなく，$-\infty < x < +\infty$ で定義されたものとして，$x = u^3$ の逆関数としての $u = x^{\frac{1}{3}}$ という立場にたつ．

▶ $x \longmapsto x^a$ という関数は，a が整数でないときは，ふつう $x \geq 0$ でのみ定義するが，このように，分母が奇数の既約分数 a については，負の x にも定義する立場もある．

この場合，特異点は，$x=0$, $x=1$, $x=\pm\infty$ である．

まず，$x=0$ については，$y(0)=0$ で

$$x \to 0 \quad \text{のとき} \quad y \sim x^{\frac{1}{3}}$$

$x=1$ については，$y(1)=0$ で

$$x \to 1 \quad \text{のとき} \quad y \sim (1-x)^{\frac{2}{3}}$$

$x \to \pm\infty$ については，

$$y = x\left(1-\frac{1}{x}\right)^{\frac{2}{3}} \sim x - \frac{2}{3}$$

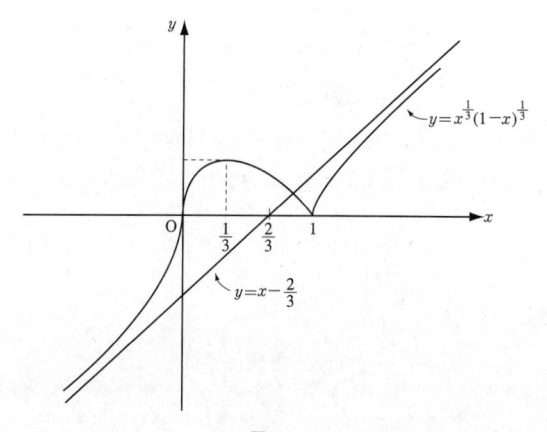

図 6.3

で漸近線は $y=x-\dfrac{2}{3}$.

$$x>0 \quad \text{では} \quad y \geqq 0$$
$$x<0 \quad \text{では} \quad y<0$$

となっていて，だいたいの状況は，これだけで見当がつく．

▶ $f \sim g$ というのは $\lim\left(\dfrac{f}{g}\right)=1$ の意味．ただし，この意味では正式の書き方だと，$y-x \sim -\dfrac{2}{3}$（または $y=x-\dfrac{2}{3}+o(1)$）なのだが，$y \sim x-\dfrac{2}{3}$ といったインチキ記法をすることあり．

もっと精密には微分することになるのだが，
$$y' = \frac{1}{3}\left(\left(\frac{1}{x}-1\right)^{\frac{2}{3}} - 2\left(\frac{1}{x}-1\right)^{-\frac{1}{3}}\right)$$

なので
$$\left(\frac{1}{x}-1\right)^{\frac{1}{3}} = t, \quad f(t) = t^2 - \frac{2}{t}$$

でしらべればよい．これは
$$t \to \pm\infty \quad \text{のとき} \quad f(t) \sim t^2$$
$$t \to 0 \quad \text{のとき} \quad f(t) \sim \frac{-2}{t}$$

で
$$f(t) = 0 \quad \text{からは} \quad t = 2^{\frac{1}{3}}$$

微分すると
$$f'(t) = 2\left(t + \frac{1}{t^2}\right)$$

$-\infty < t < -1$ で f は真に減少，
$$f(-1) = 3 > 0,$$

図 6.4

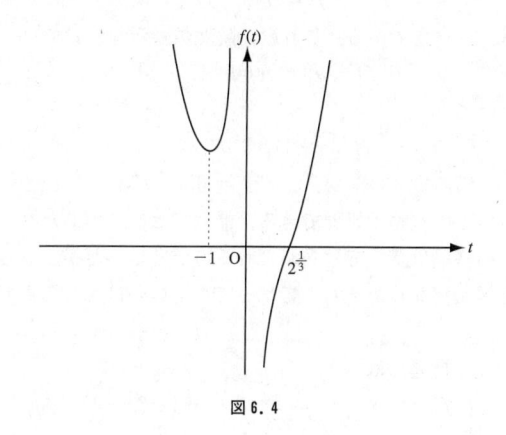

$-1 < t < 0$, $0 < t < +\infty$ で f は真に増加となる.これは,x にもどせば

$-\infty < x < 0$ で 真に増加で真に凸

$0 < x < \dfrac{1}{3}$ で 真に増加で真に凹

$\dfrac{1}{3} < x < 1$ で 真に減少で真に凹

$1 < x < +\infty$ で 真に増加で真に凹

ということを表わしている.

じつは,これだけではテクニックにすぎないが,この問題は「x の関数」に直してあるので,かえって不自然なのであって,代数曲線

$$y^3 = x(x-1)^2$$

と考えるべきである．これは，陰関数表示なわけで
$$f(x,y) = x(x-1)^2 - y^3$$
について

$f'_x = (x-1)(3x-1), \quad f'_y = -3y^2$

$f''_{xx} = 2(3x-2), \quad f''_{xy} = 0, \quad f''_{yy} = -6y$

についての議論で処理できる．最近では，このあたりのくわしい議論は講義では省略される方が多いのだが，もしそれを学んだなら，そちらでやってもよいのはもちろんである．

ここで特異点は
$$\begin{cases} f'_x = 0 \\ f'_y = 0 \end{cases} \text{すなわち} \begin{cases} (x-1)(3x-1) = 0 \\ 3y^2 = 0 \end{cases}$$
から，$(1,0)$ で，このとき
$$\begin{vmatrix} f''_{xx} & f''_{xy} \\ f''_{yx} & f''_{yy} \end{vmatrix} = -12(3x-2)y$$
は 0 となり，尖点になっている．変曲点については
$$-\begin{vmatrix} f''_{xx} & f''_{xy} & f'_x \\ f''_{yx} & f''_{yy} & f'_y \\ f'_x & f'_y & 0 \end{vmatrix}$$
$$= f''_{xx}(f'_y)^2 - 2f''_{xy}f'_x f'_y + f''_{yy}(f'_x)^2$$
を計算すればよいわけで，$(0,0)$ が変曲点であることがわかる．

漸近線は，射影座標を使わないなら，最高次を見て
$$x \to \pm\infty \quad \text{のとき} \quad x(x-1)^2 \sim x^3$$

だから，$x^3=y^3$ をといて $x=y$ となるので
$$y = x+k$$
の形，ここで，$x(x-1)^2$ と $(x+k)^3$ の最高次のつぎ（2次）の項を比較して
$$-2 = 3k$$
となる．これは，さきの陽関数のときの計算と同じこと．

▶射影座標を用いて無限遠直線との交点での接線を求める方法もある．

さて，特異点を持つ3次曲線は，有理媒介変数表示ができる．それは，特異点 $(1,0)$ を用いて
$$y = t(x-1)$$
とすればよい（特異点で二重に交わるので，交点はあと1つだけ）．こうすれば，この代数曲線の媒介変数表示
$$x = \frac{t^3}{t^3-1}, \qquad y = \frac{t}{t^3-1}$$
がえられる．さきの陽関数のときの変換は，ほとんどこれと同等である．

▶さきのは $1-x=ty$ とおいた場合．

媒介変数表示の方は偏微分はいらないし，「1変数微分」の範囲ともいえる．このままやると
$$x' = \frac{-3t^2}{(t^3-1)^2}, \qquad y' = \frac{-(2t^3+1)}{(t^3-1)^2}$$
$$x'' = \frac{6t(2t^3+1)}{(t^3-1)^3}, \qquad y'' = \frac{6t^2(t^3+2)}{(t^3-1)^3}$$
で，媒介変数 t についての議論にするのである．

特異点は

$$x' = y' = 0$$

をしらべればよいので，$t=\pm\infty$ のときになる．$t=1$ のとき無限遠にいくことは当然．漸近線は

$$\lim_{t\to 1}\frac{y}{x} = 1, \quad \lim_{t\to 1}(x-y) = \frac{2}{3}$$

が，すぐわかる．変曲点については

$$\begin{vmatrix} x' & y' \\ x'' & y'' \end{vmatrix} = 0$$

をしらべて，$t=0$ がえられる．

いくつか，代表的な問題をあげておこう．

[問1] $y=|x|^x$ の変化の状況をしらべよ．

[問2] $y=xe^{\frac{1}{x}}$ の変化の状況をしらべよ．

[問3] $1+x>0$, $x\neq 0$ で，$y=(1+x)^{\frac{1}{x}}$ の変化の状況をしらべよ．

[問4] $x>0$ のとき，$\dfrac{e}{2}\cdot\dfrac{2+x}{1+x} > (1+x)^{\frac{1}{x}}$ を示せ．

[問5] $1<x<e$ にたいし，$x^y=y^x$ となる $e<y<+\infty$ が，ただひとつ定まることを示し，$f:x\longmapsto y$ として，$\displaystyle\lim_{\substack{x\to 1 \\ 1<x<e}} f(x)$ を求めよ．

[問6] 代数曲線 $x^3+y^3-3xy=0$ の概形をしらべよ．

[問6'] 媒介変数表示の

$$x = \frac{3t}{1+t^3}, \quad y = \frac{3t^2}{1+t^3}$$

の概形をしらべよ．

[問7] $0<x<1$ で，$y=e^{\frac{1}{x}}(1-x)^{\frac{1}{x^2}}$ の増減をしらべよ．

[問8] $a, b > 0$ のとき，$(0,0)$ と (a, b) を通るサイクロイド
$$x = c(\theta - \sin\theta), \quad y = c(1 - \cos\theta) \qquad (0 \leq \theta \leq 2\pi)$$
が，ただ1つ定まることを示せ．

7. 近似と極限

「平均値定理無用論」

近頃,「平均値定理無用論」なるものが登場した. ブルバキや, その一派のデュドネの本, 日本では, これに従った山崎圭次郎の本など, この流儀で書いてある.

　▶ブルバキ『数学原論／実一変数関数Ⅰ』（東京図書）
　　山崎圭次郎『解析学概論Ⅰ』（共立出版）

今まで,「平均値定理」というと, 大学の微積分の中心とまではいわないまでも, きわめて重要な位置を占めていた. どうして, それが「無用論」などといわれるようになったのかというと, こういうわけである. 平均値定理というと, それ自体の直観的把握の容易さの利点もあるのだが, 機能的には, 関数 f の値の変動が導関数 f' を用いて
$$f(b)-f(a) = f'(c)(b-a)$$
と規制されることにあり, ここで,「ちょうど c における値で」という部分はそれほど必要でなくて, たいていは増分の不等式評価で
$$f'(x) \leq k \quad ならば \quad f(b)-f(a) \leq k(b-a)$$
の形だけでよい. ふつうの「平均値定理の証明」は, 最大値定理かなにかを使って c を確定するのだが, 不等式評価

だけでは確定する必要はない．そこで

　　　平均値定理のかわりに増分不等式ですまそう

というのが，無用論者のスローガンである．

▶導関数では中間値定理が成立すること（ふつうは平均値定理から証明するのだが）から，増分不等式から平均値定理の出る（？）ことにもなる．

ところで，ブルバキなどの方式も，「古いのではないか」という考えもある．

第1に，これを微分の定理とするからわかりにくいので，もっと一般にコーシー型平均値定理の場合でも

$$f'(x) \leq g'(x) \quad \text{ならば} \quad f(b)-f(a) \leq g(b)-g(a)$$

になるのだが，それぐらいなら，積分の定理で

$$F(x) \leq G(x) \quad \text{ならば} \quad \int_a^b F(x)\,dx \leq \int_a^b G(x)\,dx$$

と考えた方がよいではないか，というわけである．とくに，日本の大学生のように，高校で「微分も積分もすんでいる」なら，これで十分ではないか．

▶a や b は $\pm\infty$ でもよい．ただし，$f(b)-f(a)$ などが意味を持つときだけ考える．

その反論はこうである．ここでは，「微積分の基本定理」

$$\int_a^b f'(x)\,dx = f(b)-f(a)$$

がいる．その基礎は

$$f'(x) = 0 \quad \text{ならば} \quad f(x) = \text{const.}$$

である．そして，この証明に平均値定理を用いる．だから，どこかで，何らかの「証明」がいることになる．しかし，

平均値定理の特殊の上にも特異な場合として、この定理の証明をするというのも奇妙なことである（この場合に、ふつうの「平均値定理証明」を直接適用してみよ。サギのような気がするだろう）。

直接証明をしたければ、たとえば

$$f'(x) < \varepsilon \quad \text{ならば} \quad f(x)-f(a) \leq \varepsilon(x-a)$$

を証明できればよい。$f'(x_0)<\varepsilon$ のときは、f' の定義から、x_0 の近傍で

$$f(x)-f(x_0) < \varepsilon(x-x_0) \quad (x > x_0)$$

であることから、大局的につなぐとわかる（「証明」の形式なら、「積分」しなくても

$$f(x)-f(a) > \varepsilon(x-a)$$

となる x の下限 x_0 をとるとよい）。

▶このあたりで、≦ でなくて < を用いだしたのは、極限にからめてヤリクリするには、< の方が余裕があるから。

この種の「論理」上の手続きをふんで、微積分の基本定理を承認した上なら、不等式の形で、導関数によって変動が規制できる、と考えた方がよい。これを微分だけで考えるのは不自然で、むしろ、不等式の形式による微積分の基本定理として認識したい。

第 2 に、このように変動の経過で評価するより、最終的な極限状態として定式化した方が簡明になることがある。これを

$$f'(x) \leq (\alpha+\varepsilon)g'(x) \quad \text{ならば}$$
$$f(x)-f(a) \leq (\alpha+\varepsilon)(g(x)-g(a))$$

というように使えるから，ロピタルの定理：
$$\lim_{x \to a}\frac{f'(x)}{g'(x)} = a \quad \text{ならば} \quad \lim_{x \to a}\frac{f(x)-f(a)}{g(x)-g(a)} = a$$
がえられることになる．

▶ $(a-\varepsilon)f' \leq g'$ は省略した．以下も同じ．a が $\pm\infty$ のときも，同様の方法で証明される．

この定式化の方が便利なことが多い．古いカリキュラムでいうと，「不定形」の 0/0 であるが，これはあまり中心的な位置を占めてこなかった．これは，考えてみると妙なことで，近似過程（平均値定理）をやって極限をやらないわけだが，その一方で，全体として極限に力を入れて近似をやらない，というのは矛盾しているではないか．本来は，近似と極限の相互関係として認識されるべきなのだ．

なお，不定形というと，$\lim|g(x)|=+\infty$ の方の ∞/∞ も重要である．この方は，a の近傍で（簡単のため，$\lim g(x)=+\infty$ の場合とする）

$$f'(x) \leq (a+\varepsilon)g'(x) \quad \text{より}$$
$$f(x)-f(x') \leq (a+\varepsilon)(g(x)-g(x'))$$

となり，これより

$$\frac{f(x)}{g(x)} - \frac{f(x')}{g(x)} \leq (a+\varepsilon)\left(1-\frac{g(x')}{g(x)}\right)$$

ここで，さらに，とくに x を十分 a に近くとると，$\lim|g(x)|=+\infty$ より

$$\frac{f(x)}{g(x)} \leq a+\varepsilon'$$

となる．すなわち

7. 近似と極限

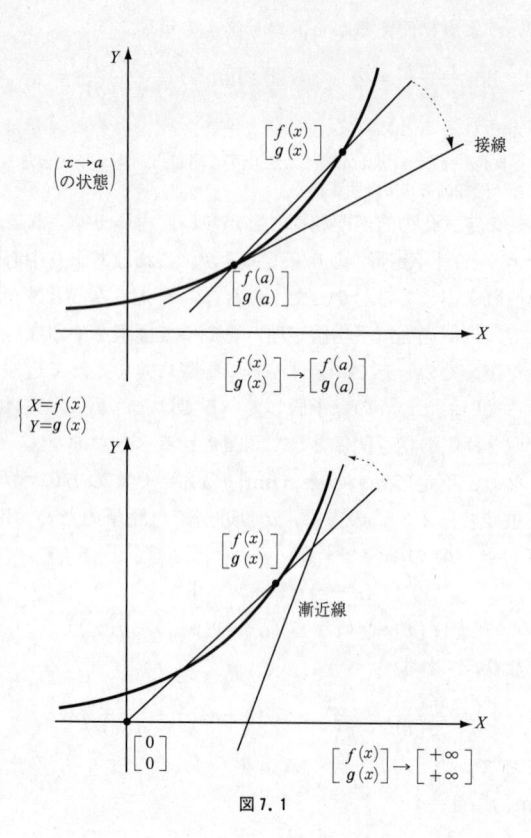

$\begin{pmatrix} x \to a \\ \text{の状態} \end{pmatrix}$

$\begin{bmatrix} f(x) \\ g(x) \end{bmatrix}$

接線

$\begin{bmatrix} f(a) \\ g(a) \end{bmatrix}$

$\begin{bmatrix} f(x) \\ g(x) \end{bmatrix} \to \begin{bmatrix} f(a) \\ g(a) \end{bmatrix}$

$\begin{cases} X = f(x) \\ Y = g(x) \end{cases}$

$\begin{bmatrix} f(x) \\ g(x) \end{bmatrix}$

漸近線

$\begin{bmatrix} 0 \\ 0 \end{bmatrix}$

$\begin{bmatrix} f(x) \\ g(x) \end{bmatrix} \to \begin{bmatrix} +\infty \\ +\infty \end{bmatrix}$

図 7.1

$$\lim_{x \to a}\frac{f'(x)}{g'(x)} = a, \quad \lim_{x \to a}|g(x)| = +\infty \quad ならば$$

$$\lim_{x \to a}\frac{f(x)}{g(x)} = a$$

これは，図で描くと，それぞれの漸近状態を表わしている（図 7.1）．

近似と極限

ここで，近似と極限の関係を正式に定式化しよう．

▶「微積分カリキュラム」に，これが正式に扱われないことが多いのは不当なことだ！

x が a に近づいたときの，$f(x)-f(a)$ と $g(x)-g(a)$ の比較，または，$\lim|g(x)|=+\infty$ のときの $f(x)$ と $g(x)$ の比較を考えよう．$f(a)=g(a)=0$ の場合は，前の方も同じ形で，一般の場合は，$F(x)=f(x)-f(a)$，$G(x)=g(x)-g(a)$ を考えたらこの場合に帰着できるので，

A) $f(a) = g(a) = 0$
B) $|g(a)| = +\infty$

の 2 つの場合に，共通した形式で定式化する．つぎの 3 つの概念と記号を用いる．

1) f と g は漸近的に等しい（asymptotically equivalent）:

$$\lim_{x \to a}\frac{f(x)}{g(x)} = 1$$

これを記号で

$$f(x) \sim g(x) \qquad (x \to a)$$

と書く.

2) f は g で抑えられる (dominated):
$$\lim_{x \to a} \left| \frac{f(x)}{g(x)} \right| < +\infty$$

これを記号で

$$f(x) \leqslant g(x) \quad (x \to a)$$
$$\text{または} \quad f(x) = O(g(x)) \quad (x \to a)$$

と書く.

▶ $f \sim g$ や $f \leqslant g$ は級数や積分の収束判定に有用. f が g に支配されているとき, 支配機構 g が収束していれば, 被支配者 f も収束する. 対偶をとれば, f が革命をおこして発散すると, g も発散する.

3) f は g に関して無視される (ネグレル, negligible):
$$\lim_{x \to a} \frac{f(x)}{g(x)} = 0$$

これを記号で

$$f(x) \ll g(x) \quad (x \to a)$$
$$\text{または} \quad f(x) = o(g(x)) \quad (x \to a)$$

と書く.

▶ ネグレルは, サボルなどと同様, 外国語の日本語化で, ネグリジェと同語源. ネグリジェとは, ネグッテよい着物なり.

この記号では, f の連続は
$$f(x) = f(a) + o(1) \quad (x \to a)$$
微分可能は
$$f(x) = f(a) + f'(a)(x-a) + o(x-a) \quad (x \to a)$$
となるわけである.

じつは，上の「定義」は少し不正確で，正式には以下のようにする．

まず，分数形だと，分母が0になったときの問題が生ずるので，分母を払った形にしておいた方がよい．ここで，2) については，極限のない場合も含めて

$k>0$ が存在して a の近傍で $|f(x)| \leq k|g(x)|$

とする（極限のかわりに上極限を使うのと同じ）．3) の方も

任意の $\varepsilon>0$ にたいし，十分 a の近くでは
$$|f(x)| \leq \varepsilon|g(x)|$$

となる．a が有限のとき，ε-δ 式に書いてみれば，それぞれ

$\exists k>0, \ \exists \delta>0: |x-a| \leq \delta$ なら $|f(x)| \leq k|g(x)|$

$\forall \varepsilon>0, \ \exists \delta>0: |x-a| \leq \delta$ なら $|f(x)| \leq \varepsilon|g(x)|$

というわけである．

▶ $a = \pm\infty$ の場合も書いてみよ．

1) については
$$\frac{f(x)}{g(x)} - 1 = \frac{f(x)-g(x)}{g(x)}$$
なので
$$f(x) = g(x) + o(g(x)) \qquad (x \to a)$$
と考えると，3) に帰着する．

さて，この記号を用いると，ロピタルの定理は

A) $f'(x) \sim g'(x) \ (x \to a)$ なら
$$f(x)-f(a) \sim g(x)-g(a) \qquad (x \to a)$$

B) $f'(x) \sim g'(x)\ (x \to a)$, $\lim |g(x)| = +\infty$ なら
$$f(x) \sim g(x) \quad (x \to a)$$
ということになる.

▶もっとも，ロピタルはベルヌーイに聞いたという説もあり，ベルヌーイの定理というべきかもしれない.

ここで，基本になるのは

$0 < \alpha < \beta$ のとき
$$\log x \ll x^\alpha \ll x^\beta \ll e^x \quad (x \to +\infty)$$

という関係である．このような比較の基礎には，この系列をとるのがふつうだが，もっと精密に

$$x^\alpha \ll x^\alpha(\log x)^\beta \ll x^\alpha(\log x)^\beta(\log\log x)^\gamma \ll \cdots$$

などを考える必要の生ずることもある.

テイラー近似

▶これも，テイラーはライプニッツの考えたのを使ったのだろう，という推測もある.

ここで一般に，$x \to a$ のときの $f(x)$ の状態を近似してみよう.

まず連続なら
$$f(x) = f(a) + o(1) \quad (x \to a)$$
となる．これは，第 0 次の近似である.

つぎに，$f(x) - f(a)$ をもっとしらべたいのだが，f' が連続なら
$$f'(x) \sim f'(a) \quad (x \to a)$$

$$\therefore \quad f(x)-f(a) \sim \int_a^x f'(a)\,dx = f'(a)(x-a)$$
$$(x \to a)$$

i.e. $f(x) = f(a)+f'(a)(x-a)+o(x-a)$
$$(x \to a)$$

となる．これは第1次近似で，f' の連続性は実は不要な条件だった．以下も，少しずつ強すぎる条件を使うが，ぼくは，導関数の不連続な微分可能性のような病的な条件をつけるために苦労する必要はないと思っている．

▶このことは，平均値の定理を積分の不等式におきかえたことによる．

第2次の近似も同様である．
$$f(x)-(f(a)+f'(a)(x-a))$$
を微分すると
$$f'(x)-f'(a) \sim f''(a)(x-a) \qquad (x \to a)$$
$$\therefore \quad f(x)-(f(a)+f'(a)(x-a))$$
$$\sim \int_a^x f''(a)(x-a)\,dx$$
$$= \frac{f''(a)}{2}(x-a)^2 \qquad (x \to a)$$

i.e. $f(x) = f(a)+f'(a)(x-a)$
$$+\frac{f''(a)}{2}(x-a)^2+o((x-a)^2)$$
$$(x \to a)$$

となる．

▶ここで，系列 $1 \gg x-a \gg (x-a)^2$ によったわけ．

以下，同様にして（「証明」したければ，帰納法でいえばよい），第 n 次近似は

$$f(x) = \sum_{k=0}^{n} \frac{f^{(k)}(a)}{k!}(x-a)^k + o((x-a)^n) \qquad (x \to a)$$

となる．これをテイラー近似という．

これは極限状態なので，経過もしらべておこう．これも同じく $(x-a)^k$ の積分がカギである．

$$\int_a^x f'(t)\,dt = f(x) - f(a)$$
$$\text{i.e} \quad f(x) = f(a) + \int_a^x f'(t)\,dt$$

となる．ここで，積分の部分が，第 0 次近似にたいする誤差項である．これを順次精密にしていけばよい．

つぎは，部分積分で

$$\int_a^x f'(t)\,dt$$
$$= \left[-(x-t)f'(t) \right]_{t=a}^{x} - \int_a^x (-(x-t)f''(t))\,dt$$
$$= f'(a)(x-a) + \int_a^x (x-t)f''(t)\,dt$$

i.e $\quad f(x) = f(a) + f'(a)(x-a) + \int_a^x (x-t)f''(t)\,dt$

という，第 1 次近似とその誤差がえられる．

▶前と同じなら
$$\int_a^x f'(t)\,dt = \left[(t-a)f'(t) \right]_{t=a}^{x} - \int_a^x (t-a)f''(t)\,dt$$
で，本質的には同じだが，符号の処理の便宜からこのようにするのが普通．

念のため，第2次もやると

$$\int_a^x (x-t)f''(t)\,dt$$
$$=\left[-\frac{(x-t)^2}{2}f''(t)\right]_{t=a}^x - \int_a^x \left(-\frac{(x-t)^2}{2}f'''(t)\right)dt$$
$$=\frac{f''(a)}{2}(x-a)^2 + \int_a^x \frac{(x-t)^2}{2}f'''(t)\,dt$$

で，第 n 次については

$$f(x) = \sum_{k=0}^n \frac{f^{(k)}(a)}{k!}(x-a)^k + \int_a^x \frac{(x-t)^n}{n!}f^{(n+1)}(t)\,dt$$

となる．

▶この誤差項のことを $f^{(n+1)}$ の $(n+1)$ 階原始関数ということもある．それを $(n+1)$ 階微分すると $f^{(n+1)}$ になるからである．

漸近近似

こんどは，∞ になる方の例を考えてみよう．一番ふつうなのは，「漸近線」で

$$f(x) \sim ax+b \qquad (x\to \pm\infty)$$

のようなとき，$y=ax+b$ を $y=f(x)$ の漸近線というわけである．

▶6章の例では

$$xe^{\frac{1}{x}} = x+1+\frac{1}{2x}+o\!\left(\frac{1}{x}\right),\quad x\!\left(1-\frac{1}{x}\right)^{\frac{2}{3}} = x-\frac{2}{3}-\frac{1}{9x}+o\!\left(\frac{1}{x}\right)$$

など．これらは，テイラー近似の

$$e^u = 1+u+\frac{u^2}{2}+o(u^2), \qquad (1+u)^{\frac{2}{3}} = 1+\frac{2}{3}u-\frac{1}{9}u^2+o(u^2)$$

からわかる．

ここでは，例として発散級数の漸近近似をしらべてみよ

図 7.2

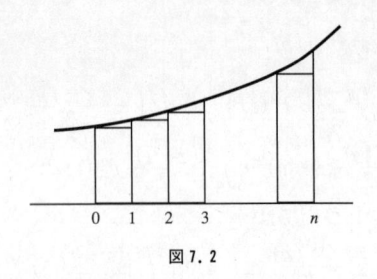

う. 級数と積分の関係としては, コーシー - マクローリンの定理がある. f が単調の場合には

$$\sum_{k=0}^{n-1} f(k) \underset{(\geqq)}{\leqq} \int_0^n f(x)\,dx \underset{(\geqq)}{\leqq} \sum_{k=1}^{n} f(k)$$

であるので, 発散する場合には

$$\sum_{*}^{n} f(k) \sim \int_{*}^{n} f(x)\,dx \qquad (n \to \infty)$$

となる (図 7.2). *と書いたのは, 発散するのだから, 有限のところはどうでもよいから.

▶不定和分と不定積分だ, と考えてもよい.

収束するときは

$$\sum_{*}^{n} f(k) \sim c + \int_{*}^{n} f(x)\,dx \qquad (n \to \infty)$$

というように, 適当な定数 c が必要になる.

▶じつは, これらは少し不正確で, $\sum f(k) < +\infty$ については
$$\sum_{n}^{\infty} f(k) = O(f(n))$$
のとき, f が増加 ($\sum f(k) = +\infty$) については

図 7.3

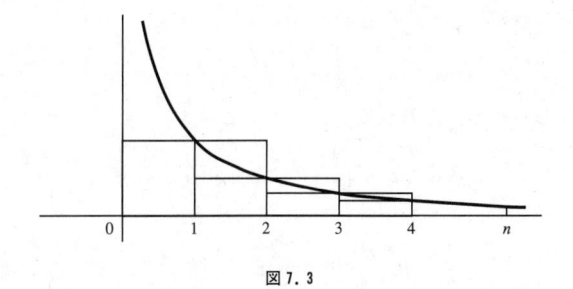

$$\sum_{k=1}^{n} f(k) = O(f(n))$$

のときには，$f(n)$ の影響が出るので，係数の決定にはもっと精密な議論が必要になる．

$$\log f(n) \ll n$$

なら，このような心配はいらない．

さて，例として

$$f(k) = \frac{1}{k}$$

を考えてみよう（図 7.3）．

$$\int_1^{+\infty} \frac{dx}{x} = \Big[\log x\Big]_1^{+\infty} = +\infty$$

だから，これは発散の場合で

$$\sum_{k=1}^{n} \frac{1}{k} \sim \int_1^{n} \frac{dx}{x} = \log n \qquad (n \to \infty)$$

i.e. $\sum_{k=1}^{n} \frac{1}{k} = \log n + o(\log n) \qquad (n \to \infty)$

となる．

つぎに
$$\frac{1}{k}-\int_{k-1}^{k}\frac{dx}{x}$$
をしらべる．微分して，$k\to\infty$ のとき
$$\frac{-1}{k^2}-\left(\frac{1}{k}-\frac{1}{k-1}\right)=\frac{1}{k^2(k-1)}\sim\frac{1}{k^3}$$

そこで，これを積分して（0/0 の場合）
$$\frac{1}{k}-\int_{k-1}^{k}\frac{dx}{x}\sim -\frac{1}{2k^2}\qquad (k\to\infty)$$
となる．ここで
$$\int_{1}^{+\infty}\frac{dx}{x^2}=\left[\frac{-1}{x}\right]_{1}^{+\infty}=1$$
だから，収束の場合で，積分して
$$\sum_{k=1}^{n}\frac{1}{k}-\log n\sim c+\frac{1}{2n}\qquad (n\to\infty)$$

i.e. $\displaystyle\sum_{k=1}^{n}\frac{1}{k}=\log n+c+\frac{1}{2n}+o\left(\frac{1}{n}\right)\qquad (n\to\infty)$

となる．

▶ここでは，$\log n\gg 1\gg\dfrac{1}{n}$ によっている．

ここに出てきた c は，オイラー定数といわれて
$$c=0.5772\cdots$$
であるが，その性質（有理数かどうかなど）はよくわかっていない．しかし，解析学では，e と π のつぎぐらいに出てくる普遍定数である．

▶オイラー定数を γ と書くことも多い．

漸近近似

この種の近似で有名なのは，スターリングの公式で

$$\sum_{k=1}^{n} \log k = n\log n - n + \frac{1}{2}\log n + \frac{1}{2}\log 2\pi$$
$$+ \frac{1}{12n} + o\left(\frac{1}{n}\right) \quad (n \to \infty)$$

になる．定数項の値を出すところを除いては，同じ方法でできるから，練習のためにやってみるとよい．

▶ここでは $n\log n \gg n \gg \log n \gg 1 \gg \dfrac{1}{n}$.

この種の場合にも，一般項を出したり，誤差項を計算したりもできるが，それは少し特殊な数列（ベルヌイ数列）を使わねばならぬので，ここでは省略する．テイラー近似も漸近近似も，同じ原理であることを言いたかったのである．

なお，注意しておくことは，これらは「級数」ではないことである．テイラー近似でも

$$f(x) = \sum_{k=0}^{\infty} \frac{f^{(k)}(a)}{k!}(x-a)^k$$

といっているわけではない．これは，べつに「解析性」の議論を必要とする．

近似というのは，「級数」として「一致する」よりは，弱いことをいっている．この場合に，差で近似するのではなくて，比で近似したことに注意する必要がある．それゆえに，発散級数でも近似公式がえられたのである．このような近似状態のことは漸近状態という．きっちり「一致する」のではなくて，「漸近する」だけで極限状況はずいぶんとは

っきりする．それは，固定的な「極限値」ではなくて，極限過程を内包した《極限状況》を定式化したからである．

8. 差和分と微積分

差和分と微積分

高校で，数列・級数というのをやったと思うが，あれはやりきれぬものだ．級数ごとに総和公式の出し方が違ったりして，どうしようもない．ここではそれを統一的に扱おう．

数列というのは，番号 k の関数
$$x: k \longmapsto x(k)$$
のことだと思ってよい．ここで，さしあたり
$$k = 0, 1, 2, \cdots$$
としておく．これを
$$\{x(0), x(1), x(2), \cdots\}$$
と書いても，本質は変わらない．実際，数列の問題というと，「k 日後の元利合計 $x(k)$ 円」などと，関数として理解した方がよいものが多い．

▶ k をエンリョした書き方が，パラメーター風の x_k.

ただ注意しておくことは，ここでは初項を $x(0)$ としていることで

$$\text{最初} = 0 \text{ 番}$$

というのは，慣習に反する．俺は世界 0 シアワセだとか，

0月0日明けましておめでとう,などというのは珍妙だが,もっと合理的な宇宙人なら,このようにするだろう.

▶クイズ「エスカレーターに5度乗って,6階に上がる方法は?」
これも,最初が0階でないからだ.

ここで,x の変動を見る.それは,増加分
$$y(k) = x(k+1) - x(k)$$
を考えればよい.これを,差 (difference) だが,微分の方に義理を立てて差分ということにする.dy とか Dx とかいう記号はもう使ってしまったので,ギリシア文字で
$$\varDelta : x \longmapsto y = \varDelta x$$
を使おう.

▶差分の訳には,階差とか定差とかもある.また,
$$z(k) = x(k) - x(k-1), \quad u(k) = \frac{y(k) + z(k)}{2}$$
で
$$\nabla : x \longmapsto z = \nabla x, \quad \delta : x \longmapsto u = \delta x$$
を使うこともあるのだが,ここでは簡単のために一元化しておく.

ところで,これを集めると
$$y(0) + y(1) + \cdots + y(n-1) = x(n) - x(0)$$
になる.高校流に書くと
$$y(0) = x(1) - x(0)$$
$$y(1) = x(2) - x(1)$$
$$\vdots$$
$$+) \quad y(n-1) = x(n) - x(n-1)$$

ということになるが,そんなことを言わなくても,これは

「家計簿の原理」にほかならない．毎日，増減を考えて，月末に帳尻を合わす，というだけのことだ．

これは $y(k)$ の和なのだが，これもゴロ合わせで和分といい，やはりギリシア文字で

$$\sum_{0}^{n-1} y(k) = x(n) - x(0)$$

と書くことにしよう．あるいは

$$x(n) = x(0) + \sum_{0}^{n-1} y(k)$$

と書いてもよい．前の「高校式」といったのも

$x(1) = x(0) + y(0)$

$x(2) = (x(0) + y(0)) + y(1)$

$\cdots\cdots\cdots\cdots\cdots$

$x(n) = (x(0) + y(0) + \cdots + y(n-2)) + y(n-1)$

とでもした方が（カッコーをつけたければ「帰納法」），意味がとりやすい．

もう少し一般の形にすると

$$\Delta x = x(k+1) - x(k)$$

$$\sum_{k=m}^{n-1} \Delta x = x(n) - x(m)$$

ということになる．これは

$$dx = x'(t)\,dt$$

$$\int_{t=u}^{v} dx = x(v) - x(u)$$

と，ほとんど同じ形だ．元来，ライプニッツが微積分の表示形式を作ったのは，差和分公式をニランで，$\sum$ でギクシ

ャクたすかわりに，S をベターッとナガーク書いた，といわれるぐらいである．差分はトナリとの差だが，t が連続的ではトナリがないので微分で代用し，和の方もベターッとすることにしたら，v のトナリがないために $n-1$ のようなハンパなことがなくてスッキリしたわけである．

これらは，次の形に書いてもよい．

$$\Delta x = f(k), \ x(0) = c \quad \longleftrightarrow \quad x(n) = c + \sum_0^{n-1} f(k)$$

$$dx = f(t)\,dt, \ x(0) = c \quad \longleftrightarrow \quad x(v) = c + \int_0^v f(t)\,dt$$

ここで，$x(0) = c$ としたが，もっと一般に 0 以外から始めてもよい．これは初期条件といわれるもので，c のことを初期値という．

▶微分でも，時間的変動を連想しながら，「積分定数」c というのを「初期値」と理解した方がよい．

これを一般化すると，差分方程式と和分方程式

$$\Delta x = f(k, x), \ x(0) = c$$
$$\longleftrightarrow \quad x(n) = c + \sum_0^{n-1} f(k, x(k))$$

および，微分方程式と積分方程式

$$dx = f(t, x)\,dt, \ x(0) = c$$
$$\longleftrightarrow \quad x(v) = c + \int_0^v f(t, x(t))\,dt$$

になる．この違う点は，差分方程式の方ならば有限だから，数値的には逐次的に解がえられるのに，微分方程式では，その保証が全然ないことである．しかし，解析的な表示を

うることについては、たいていは微分方程式の方がむしろ単純である。級数の和というのは、和分の解析的表示をうることだから、積分計算と同じ原理であるはずである。以下、微積分の公式を思い浮かべながら、やっていこう。

▶以下「解析的」という表現は、解析関数論の意味ではない。「式でまとめられる」という程度の意味。これも伝統的慣用。

級数の和

まず、多項式にあたる議論をしなければいけないのだが
$$k^{[r]} = k(k-1)\cdots(k-r+1)$$
とおこう（順列でオナジミ）。すると
$$\Delta(k^{[r]}) = rk^{[r-1]}$$
が、すぐわかる。そこで、差分の逆をとると
$$\sum_{k=0}^{n-1} k^{[r]} = \frac{n^{[r+1]}}{r+1}$$
となる。とくに
$$\sum_{k=0}^{n-1} 1 = n, \quad \sum_{k=0}^{n-1} k = \frac{n(n-1)}{2},$$
$$\sum_{k=0}^{n-1} k(k-1) = \frac{n(n-1)(n-2)}{3}$$
となる。多項式が t^r の和であったように、たとえば
$$\sum_{k=0}^{n-1} k^2 = \sum_{k=0}^{n-1} k + \sum_{k=0}^{n-1} k(k-1)$$
$$= \frac{n(n-1)}{2} + \frac{n(n-1)(n-2)}{3}$$
となる。

▶微積分の場合は,
$$D(t^r) = rt^{r-1}, \quad \int_0^v t^r dt = \frac{v^{r+1}}{r+1}.$$
$$\int_0^v 1 dt = v, \quad \int_0^v t dt = \frac{v^2}{2}, \quad \int_0^v t^2 dt = \frac{v^3}{3}.$$

つぎに，基本的な1次変化と指数変化を見よう．

等差数列というのは
$$\Delta x = a, \quad x(0) = c$$
なので
$$x(n) = c + \sum_{k=0}^{n-1} a = c + an$$
で一般項がえられる（番号のつけ方が高校とズレている）．この和は
$$\sum_{k=0}^{n-1}(c+ak) = cn + \frac{1}{2}an(n-1)$$
である．

▶微積分の場合は,
$$Dx = a, \quad x(0) = c, \quad x = c + at.$$
$$\int_0^v (c+at) dt = cv + \frac{1}{2}av^2.$$

等比数列の方は
$$x(k+1) = ax(k), \quad x(0) = c$$
になっているが，
$$a = 1 + r$$
とすると
$$\Delta x = rx, \quad x(0) = c$$
である．この差分方程式は指数関数の定義のようなもので
$$x = ca^k = c(1+r)^k$$

となっている．和については
$$\sum_{k=0}^{n-1} x = \frac{1}{r}\sum_{k=0}^{n-1} \Delta x = \frac{1}{r}(x(n)-x(0))$$
$$= \frac{c}{r}((1+r)^n-1)$$

となる．

▶微積分の場合は，
$$Dx = rx, \quad x(0) = c, \quad x = ce^{rt}.$$
$$\int_0^v ce^{rt}dt = \frac{c}{r}(e^{rv}-1)$$

高校の「級数の和」というのは，これでだいたい全部である！

部分積分と部分和分

今度は，高校でやらなかったような，少し進んだことをやってみよう．

微積分も差和分も，線型演算で

和 ── 和， c 倍 ── c 倍

であって，さきの「多項式」の差和分計算にもこれを利用した．しかし，積に関しては，特別の関係がある．積の微分公式は

$$d(xy) = x(dy)+(dx)y$$

だが，積の差分公式の方は少しクイチガイができて

$$\Delta(x(k)y(k)) = x(k)(\Delta y(k))+(\Delta x(k))y(k+1)$$

になる．ところで，積の微分公式を積分したのが部分積分公式で

$$\int_u^v x(t)\,y'(t)\,dt + \int_u^v x'(t)\,y(t)\,dt$$
$$= x(v)\,y(v) - x(u)\,y(u)$$

となる．これに対応して，部分和分公式

$$\sum_m^{n-1} x(k)(y(k+1)-y(k)) + \sum_m^{n-1}(x(k+1)-x(k))\,y(k+1)$$
$$= x(n)\,y(n) - x(m)\,y(m)$$

がえられることになる．

これは，アーベルの変形ともいわれて，ふつうは y が $a(k)$ の和分

$$\sum_m^{n-1} a(k) = y(n) \qquad (n \geq m)$$

の場合に（このようなとき，ことわらなくとも $y(m)=0$ と考える）．

$$\sum_m^{n-1} a(k)\,x(k)$$
$$= x(n)\,y(n) + \sum_m^{n-1} y(k+1)(x(k)-x(k+1))$$

の形に書かれている．そして，たいてい

$$x(0) \geq x(1) \geq \cdots \geq 0$$

の場合に用いる．

アーベルがこれを利用したのは，無限級数の収束の問題であって，

$$\sum_0^\infty a(k) : 収束$$

のときは（絶対収束でなくてもよい），十分大きな m では

$$|y(n)| \leq \varepsilon \qquad (n \geq m)$$

となる．したがって

$$\left|\sum_m^{n-1} a(k)x(k)\right| \leq \varepsilon(x(n)) + \varepsilon \sum_m^{n-1}(x(k)-x(k+1))$$
$$= \varepsilon x(m)$$

となって，実数の完備性（コーシーの定理）から

$$\sum_0^\infty a(k)x(k) : 収束$$

がいえることになる．

ここでとくに

$$x(k) = t^k, \quad 0 \leq t \leq 1$$

に適用したのが有名なアーベルの定理で，

$$\sum_{k=0}^\infty a_k\ が収束すれば，0 \leq t \leq 1\ で\ \sum_{k=0}^\infty a_k t^k\ も収束$$

といった形で書かれる．

▶関数列の収束の議論をまだしていないが，これは一様収束で，一様収束の概念が表面化したのは，このアーベルが最初だといわれる．

アーベルの変形というと何だか技巧的なようだが，積分計算で部分積分が常道なことは周知であって，級数計算に部分和分の用いられることは，べつに不思議でもない．

微分方程式と差分方程式

微分方程式の理論と差分方程式の理論とも，平行して進めることができるが，ここで問題にしたいのは，平行した議論ではなくて，その相互関係である．典型的な例として，指数関数をとろう．

時間 $\frac{1}{m}$ ごとに,利率 $\frac{r}{m}$ で複利計算をすると

$$\Delta x_m = \frac{r}{m} x_m, \quad x_m(0) = c$$

となって,時刻 $\frac{k}{m}$ のときの元利は

$$x_m(k) = c\left(1+\frac{r}{m}\right)^k$$

になっている.ところで,この差分方程式は

$$\frac{x_m(k+1) - x_m(k)}{1/m} = r x_m(k)$$

なので,$m \to \infty$, $\frac{k}{m} \to t$ となった極限 $x(t)$ については

$$\frac{dx}{dt} = rx, \quad x(0) = c$$

という微分方程式が考えられ,

$$x = ce^{rt}$$

となる.ただし,差分方程式の「極限」としての微分方程式がえられるとき,微分方程式の解 $x(t)$ が差分方程式の解 $x_m(t)$ の極限になるか,というのはメンドーな問題だが,この場合はたしかに

$$\lim_{m \to \infty, k \sim tm} \left(1 + \frac{r}{m}\right)^k = e^{rt}$$

になることは

$$k \log\left(1+\frac{r}{m}\right) = k\left(\frac{r}{m} + o\left(\frac{1}{m}\right)\right) = rt + o(1)$$
$$(m \to \infty)$$

からわかる($\log(1+x)$ の微分からわかる,といっても同じこと).

▶ $\lim_{m\to\infty, k\sim tm} f(k, m) = \alpha$

というのを正式に定義すると，

$$\forall \varepsilon > 0, \ \exists N, \ \delta > 0 : \left|\frac{k}{m} - t\right| \leq \delta, \ m \geq N$$

なら $|f(k, m) - \alpha| \leq \varepsilon$.

e^{rt} が「連続的複利法則」といわれるのはこのことで，

$$\lim_{m\to\infty}\left(1+\frac{r}{m}\right)^m = e^r, \quad \lim_{m\to\infty}\left(1+\frac{1}{m}\right)^m = e$$

などは，この特定の断面である．

ここでは，2つの考え方がなりたつ．

そのひとつは，微分法則の方を「真の法則」と考えて，それを差分方程式で近似しているという考え方である．この意味で，差分近似もしくは折れ線近似（グラフが折れ線になるから）ということもある．微分方程式が与えられたとき，その解を数値的に計算しようというときは，これは原理のひとつになる．しかし，その解の収束は吟味されなければならないわけだが，このことは同時に，適当な条件下での微分方程式の解の存在と一意性の保証にもなる．さきに注意したように，微分方程式は差分方程式とちがって，解の存在や一意性が無条件に保証されてはいない．そこで，存在のために構成の手段を与えればよいわけで，それを差分近似で与えるのである．この方法による存在と一意性の定理は，コーシーの定理といわれている（実は，このとき必要な条件というのは，指数関数の微分方程式による制御可能性といったものになる）．

▶もうひとつの原理による，もっとアルゴリズム的な方法に，ピカールの逐次近似というのもある．

「微分方程式の解の存在定理」などというと，「理論的」興味だけで「実用的」でない，などと錯覚しがちだが，そうでないことはこれからもわかる．「理論的」な存在定理というのが「実用的」な近似の方式と一致しているわけである．それに，たとえば数値計算をしようと思えば，計算の収束の仕方が当然に問題になるわけだが，それは差分近似の収束条件にほかならない．本来，微分方程式が解析的にとけることは幸運であって，数値計算はふつうであるし，かりに初等関数で表わされても，その具体的関数値については同じことである．

ところが，もうひとつは，差分法則の方が「真の法則」であって，それを微分方程式で近似しているのだ，という考えもなりたつ．さきの例だと，時間間隔 $\frac{1}{m}$ がかなり小さく，k がかなり大きいとする．もっと正確にいえば，k の大きさにくらべて $\frac{1}{m}$ が小さい，というのを正式に定式化したのが

$$\frac{1}{m} \to 0, \quad k \to \infty, \quad \frac{k}{m} \sim t$$

という近似過程そのものである．このときには，「真の」差分法則よりは「極限微分法則」の方が単純である．微積分は差和分よりも，一般に単純になるのがふつうだし，その単純性のゆえに解析的な関係式も単純になる．幸運にして，初等関数の範囲で解の表示式がえられれば，なお都合

がよい．実際の指数的変化で，バクテリアの増殖にしろ，放射性元素の崩壊にしろ，それが連続的でなくても，極限微分法則で，「近似」するのである．そして，このことによって，指数関数としての解析が可能になる．

これはむしろ

　　　微分法則と差分法則の相互近似

と考えるべきだろう．じつは，100年あまり「差分とは応用数学」と思われてきた（18世紀までは微積分と未分化だったが）．最近に再評価されることが多いのは，有限的な変化の解析の要求（「有限解析」）もあるが，もっと根本的には，この微分法則と差分法則の相互近似が，電子計算機という背景とともに，現代解析学の中心課題のひとつになっているからである．19世紀以来，微積分の体系が確立してしまったので，カリキュラムに差和分をワリコマスのは困難なのだが，この種の視点は重要なことと思う．

最後に例をひとつやってみよう．

a 人よりなる集団があり，いま考える期間で人数の変動がないと考えてよい（a を定数としてよい）とする．ここに，t 日目に $x(t)$ 人の団体があり，日の数えはじめ（$t=0$）では c 人とする．この団体員は，a 人のうちの1人を任意に $\left(\dfrac{1}{a}\text{の確率で}\right)$ えらび，その人が未加盟なら加盟を勧誘せねばならない（すでに加盟していたなら，その日のノルマは完了とみなす）．勧誘の成功率はつねに p で，サボッタリ，ヤメタリはない，と考えてよいとする．a が相当に（連続量と見なせるほど）大きく $x(t)$ もかなり（a を尺

度として）大きいとき，相当の長期（t を連続量と見なせる程度）にわたっての，$x(t)$ の変動の状態を解析せよ．

これは，差分法則では

$$\Delta x = p\frac{a-x}{a}x, \quad x(0) = c$$

で，微分法則で近似すると

$$\frac{dx}{dt} = p\frac{a-x}{a}x, \quad x(0) = c$$

となる．

▶ $\frac{a-x}{a-1}$ などとしないこと，a が大きいから，自分を引いても大勢に影響はない．a 個のクジを引いて，自分にあたったら，鏡を眺めてから寝ればよい．

この微分方程式は簡単に積分できて

$$x = \frac{a}{2} + \frac{a}{2}\tanh\left(\frac{pt}{2}+k\right), \quad k = \tanh^{-1}\frac{c-a/2}{a/2}$$

になる（指数関数のまま

$$\frac{x}{a-x} = \frac{c}{a-c}e^{pt}$$

でもよいが，

$$u = \frac{x-a/2}{a/2}$$

で変数変換して，双曲線関数を使った方が見やすい）．

▶ $\int_0^u \frac{du}{1-u^2} = \tanh^{-1}u.$

化学変化の場合は，だいたいこれと同じ事情が生ずる．tanh というのは，この種の現象に典型的な実現形態を持

つ関数なのである．ここで，tanh のグラフがありさえすれば，上の条件から尺度をえらぶことによって，変動の状態の解析が可能となろう．

9. 2階微分

2階微分

関数 $f: x \longmapsto f(x)$ をテイラー近似すると，$x \to a$ のとき

$$f(x) \sim f(a)$$
$$f(x) \sim f(a) + f'(a)(x-a)$$
$$f(x) \sim f(a) + f'(a)(x-a) + \frac{1}{2}f''(a)(x-a)^2$$
....

というように，順次に近似がえられた．

ここで，1階の微分

$$df : dx \longmapsto f'(x)\,dx$$

は，この近似の1次の項を意味している．そこで，次の2次の項として

$$d^2f : dx \longmapsto f''(x)\,dx^2$$

のことを，2階微分という．

このとき注意しなくてはいけないことは，2階微分というのは関数 f にたいする概念であって，たとえ $d^2y = f''(x)\,dx^2$ などと書くことがあっても，それは便宜上にすぎず，従属変数 y の2階微分という概念は使わないことで

ある（変数を増やして定義する流儀もあるが，特殊な流儀だろう）．それは，たとえば
$$z = a_1y + \frac{1}{2}a_2y^2, \quad y = b_1x + \frac{1}{2}b_2x^2$$
を考えてみると，$x \to 0$ のとき
$$z \sim a_1b_1x + \frac{1}{2}(a_1b_2 + a_2b_1{}^2)x^2$$
となる．すなわち，1階の微分については
$$dz = a_1dy, \ dy = b_1dx \ : \ dz = a_1b_1dx$$
で，ツジツマがあっているが，2階微分については
$$d^2z = a_2dy^2, \ dy = b_1dx \ : \ d^2z = a_2b_1{}^2dx^2 + a_1b_2dx^2$$
という余分な項がついてくる．一般にいえば，$f: y \longmapsto z$, $g: x \longmapsto y$ については
$$d^2f : dy \longmapsto f''(y)dy^2, \quad dg : dx \longmapsto g'(x)dx$$
だが，合成関数の $f \circ g : x \longmapsto z$ だと
$$d^2(f \circ g) : dx \longmapsto$$
$$\{f''(g(x))(g'(x))^2 + f'(g(x))g''(x)\}dx^2$$
となってしまう．

つまり，$g: x \longmapsto y$ のところの2次の項の影響が出てきてしまうのである．f の微分 df と y の微分 dy とをゴッチャに使えたのは，この dy という量が独立して扱えるという，1次のときに特殊な性格（正比例の推移性）があったわけで，それは「線型的」議論のうまくいく例のひとつである．2階以上では，d^2y という「変量」は自立しえなくて，d^2f という「関数」があるだけなのである．このことを

よく,「2階微分は独立変数に依存する」といったりする.

これが, 2変数関数
$$f : \begin{bmatrix} x \\ y \end{bmatrix} \longmapsto f(x, y)$$
になっても同じことである. $x \to a$, $y \to b$ について
$f(x, y) \sim f(a, b)$
$f(x, y) \sim f(a, b) + \{f'_x(a, b)(x-a) + f'_y(a, b)(y-b)\}$
$f(x, y) \sim f(a, b) + \{f'_x(a, b)(x-a) + f'_y(a, b)(y-b)\}$
$$+ \frac{1}{2}\{f''_{xx}(a, b)(x-a)^2$$
$$+ 2f''_{xy}(a, b)(x-a)(y-b)$$
$$+ f''_{yy}(a, b)(y-b)^2\}$$
のようになる. 多変数の関数で, 1次や2次の式を書くときは, 行列算の形式で
$$\alpha x + \beta y = \begin{bmatrix} \alpha & \beta \end{bmatrix} \begin{bmatrix} x \\ y \end{bmatrix}$$
$$\alpha x^2 + 2\beta xy + \gamma y^2 = \begin{bmatrix} x & y \end{bmatrix} \begin{bmatrix} \alpha & \beta \\ \beta & \gamma \end{bmatrix} \begin{bmatrix} x \\ y \end{bmatrix}$$
を用いた方が, ずっと見やすい. 数学というものは, できるだけ物事を見やすく, できるだけ扱いやすくするもので, これからは, この方式を用いよう. すると, 2変数の場合は
$$df : \begin{bmatrix} dx \\ dy \end{bmatrix} \longmapsto \begin{bmatrix} f'_x & f'_y \end{bmatrix} \begin{bmatrix} dx \\ dy \end{bmatrix}$$

$$d^2f : \begin{bmatrix} dx \\ dy \end{bmatrix} \longmapsto \begin{bmatrix} dx & dy \end{bmatrix} \begin{bmatrix} f''_{xx} & f''_{xy} \\ f''_{yx} & f''_{yy} \end{bmatrix} \begin{bmatrix} dx \\ dy \end{bmatrix}$$

となっている．ただしここで

$$f''_{xy} = f''_{yx}$$

である（ような場合しか考えないことにする）．

▶実際に，ベクトル値関数 $\begin{bmatrix} x \\ y \end{bmatrix} \longmapsto \begin{bmatrix} f'_x \\ f'_y \end{bmatrix}$ が微分可能のときは，$f''_{xy} = f''_{yx}$ となる．

2階微分と極値問題

2階微分の効用のひとつは，極値問題にある．

1階の微分だけでも，定常条件はわかった．1変数なら

$$df : dx \longmapsto f'dx$$

だから，その条件は

$$f' = 0$$

であったことは，高校でもやったとおり．2変数になると

$$df : \begin{bmatrix} dx \\ dy \end{bmatrix} \longmapsto \begin{bmatrix} f'_x & f'_y \end{bmatrix} \begin{bmatrix} dx \\ dy \end{bmatrix}$$

だから，条件は

$$\begin{bmatrix} f'_x & f'_y \end{bmatrix} = \begin{bmatrix} 0 & 0 \end{bmatrix}$$

でよい．

しかし，これだけではまだ，極大か極小か，または2変数だと鞍点のようなこともあり，さらに3次以上の影響があるか，判らない．そこで，さしあたり，2次の影響を考える必要があるわけだ．

1変数の同次2次関数というのは
$$y = ax^2$$
で，これについては，中学校ですでに知っている．グラフは放物線で，図9.1のようになる．

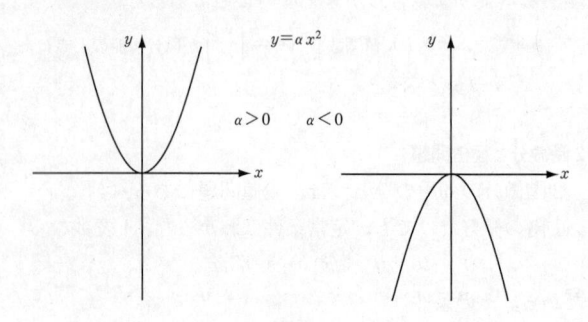

図9.1

それは，$x=0$ において

   $a > 0$ ならば 極小

   $a < 0$ ならば 極大

である．さらに

   $a = 0$ ならば 定常

でもあるが，一般には，この場合には3次以上の項があれば，その影響を問題にせねばならないことになる．

 ▶最近の用語法だと，「極大」といわずに「真に極大（極大条件に $\geqq$ でなく $>$ を使った場合）」というのだが，ここでは，慣用にしたがった．

このことから，2階微分
$$d^2f : dx \longmapsto f''(x)\,dx^2$$
をしらべることによって，$f'=0$ のとき

$f''>0$　ならば　極小

$f''<0$　ならば　極大

$f''=0$　ならば　3次以上をしらべねば判らない

という結論がえられる．このことは，高校でもすんだことだろう．

2変数以上のときも，これに対応して，2次同次関数の議論を必要とする．一般的な n 変数の2次同次関数についてのこの問題は，「線型代数」でいう2次形式の正値性に関する議論で，1年の代数ではまだそこまでいっていないかもしれない．しかし，2変数についてだけなら，高校でやった「2次同次関数の判別式」の範囲でもすむ．ただ，一般的な場合も考慮して行列式を用いて定式化しておこう．要は

$$\begin{bmatrix} x & y \end{bmatrix} \begin{bmatrix} \alpha & \beta \\ \beta & \gamma \end{bmatrix} \begin{bmatrix} x \\ y \end{bmatrix} = \alpha x^2 + 2\beta xy + \gamma y^2$$

について

$$\begin{vmatrix} \alpha & \beta \\ \beta & \gamma \end{vmatrix} = \alpha\gamma - \beta^2$$

が基本的な働きをする，ということだ．

高校ではグラフは描かなかったかもしれないが，1変数のときと比較するためにグラフを描いておこう．

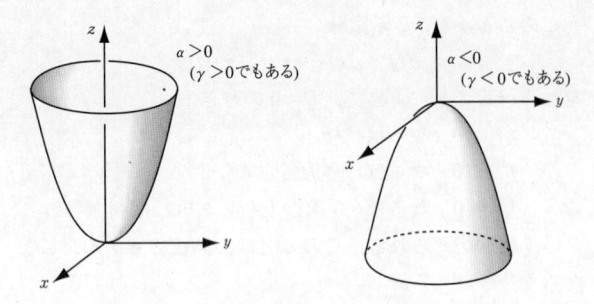

図 9.2

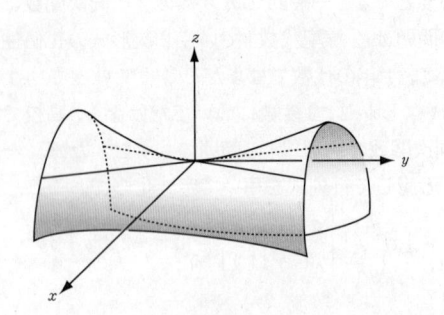

図 9.3

$\begin{vmatrix} \alpha & \beta \\ \beta & \gamma \end{vmatrix} > 0$ の場合(楕円放物面)

　　(このとき $\alpha\gamma>0$)　(図 9.2)

$\begin{vmatrix} \alpha & \beta \\ \beta & \gamma \end{vmatrix} < 0$ の場合(双曲放物面)　(図 9.3)

α > 0 または *γ* > 0

α < 0 または *γ* < 0

$z = \alpha x^2 + 2\beta xy + \gamma y^2$

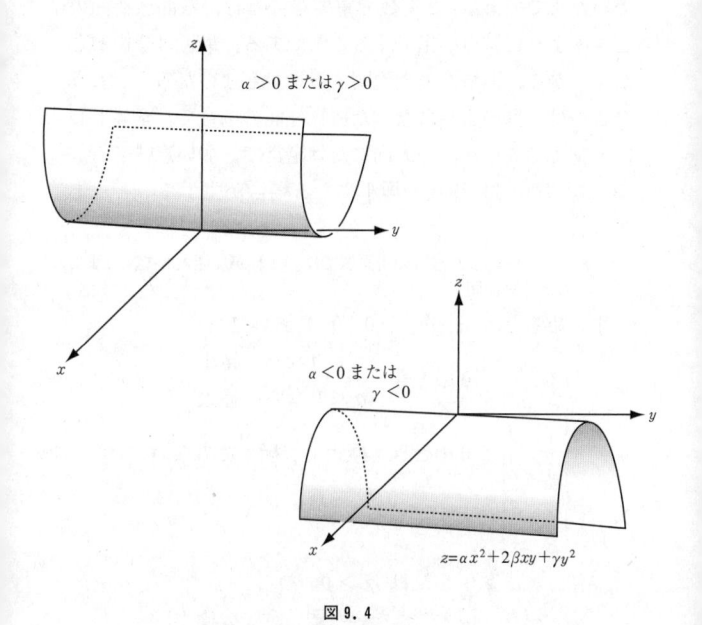

図 9.4

$\begin{vmatrix} \alpha & \beta \\ \beta & \gamma \end{vmatrix} = 0, \begin{bmatrix} \alpha & \beta \\ \beta & \gamma \end{bmatrix} \neq \begin{bmatrix} 0 & 0 \\ 0 & 0 \end{bmatrix}$ の場合（放物柱面）

（このとき $\alpha\gamma \geqq 0$）（図 9.4）

もちろん，全部の係数が 0 の場合は定常である．

高校流にたしかめてみても判ると思うが，いくつかの注意を補足しておこう．判別式が 0 のときの条件で「または」と書いたが，「$\alpha > 0$ または $\alpha = 0$, $\gamma > 0$」などをキレイに

書いたまでである．2変数で重要なことは，双曲放物面のときのように鞍点が出てくることである．最近は登山がさかんだから，あらためて説明するまでもないだろう．もうひとつは，樋のようになった放物柱面の場合で，全体として定常ではないが，一方向にだけ定常で，弱い意味で（≦や ≧ の意味で）極大や極小になる場合が生ずることである．

▶さきに注記した最近の用語法では，これが「極大」で，今までのは「真に極大」．

まとめると，$[x \quad y] = [0 \quad 0]$ において

$\begin{vmatrix} \alpha & \beta \\ \beta & \gamma \end{vmatrix} > 0$ のとき　$\alpha > 0$ なら　極小
　　　　　　　　　　　$\alpha < 0$ なら　極大

$\begin{vmatrix} \alpha & \beta \\ \beta & \gamma \end{vmatrix} < 0$ のとき　極大でも極小でもない

$\begin{vmatrix} \alpha & \beta \\ \beta & \gamma \end{vmatrix} = 0$ のとき

　　$\alpha > 0$ または $\gamma > 0$ なら
　　　　極大ではない（弱い意味の極小）
　　$\alpha < 0$ または $\gamma < 0$ なら
　　　　極小ではない（弱い意味の極大）

ということになる．

一般の場合には，これを2階の微分で考えればよい．ただ注意すべきことは，放物柱面の場合のように，一方向でも定常な方向があれば，それに接する方向（直線そのものではなくて，この方向に接する曲線かもしれない）につい

て，3次以上の影響が現われる可能性のあることである．だから，この場合に「弱い意味での極大」などは保証されなくなる．

そこで，$[f'_x \quad f'_y] = [0 \quad 0]$ の場合

$$\begin{vmatrix} f''_{xx} & f''_{xy} \\ f''_{yx} & f''_{yy} \end{vmatrix} > 0 \text{ のとき} \quad \begin{matrix} f''_{xx} > 0 \text{ なら 極小} \\ f''_{xx} < 0 \text{ なら 極大} \end{matrix}$$

$$\begin{vmatrix} f''_{xx} & f''_{xy} \\ f''_{yx} & f''_{yy} \end{vmatrix} < 0 \text{ のとき 極大でも極小でもない}$$

$$\begin{vmatrix} f''_{xx} & f''_{xy} \\ f''_{yx} & f''_{yy} \end{vmatrix} = 0 \text{ のとき}$$

$f''_{xx} > 0$ または $f''_{yy} > 0$ なら 極大ではない

$f''_{xx} < 0$ または $f''_{yy} < 0$ なら 極小ではない

ということになる．これ以上は，3次以上の影響の現われる部分に属する．

3変数以上になっても，事情はほとんど変わらない．ただ，「判別式の議論」を一般化して，「2次形式論」にする必要があるだけである．

束縛条件のある場合

2変数以上になると，x と y というように2つ以上の変数があるので，その間に，たとえば

$$g(x, y) = 0$$

といった条件があるかもしれない．この場合，この条件で示される x-y 平面上の曲線の近傍で定義された関数

$$\begin{bmatrix} x \\ y \end{bmatrix} \longmapsto f(x,y)$$

について，曲線 $g(x,y)=0$ 上での極値を問題にする必要が生ずる（図 9.5）．

▶これを，ラグランジュの乗数法ということもある．

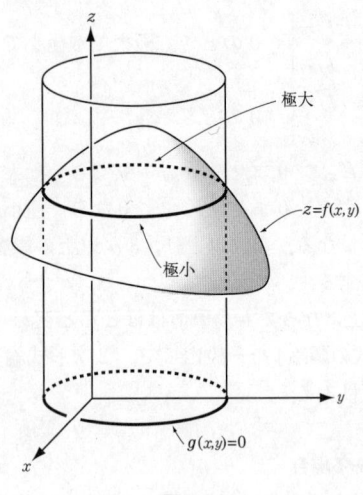

図 9.5

変数が多くなったり，束縛条件の数が増えたりすると，定式化がメンドーになり，証明もメンドーになるが，原理は変わらない．

ここで，陰関数表示をした

$$g(x, y) = 0$$

が，y についてとけて

$$y = y(x)$$

の形にできたなら，この問題は1変数関数

$$x \longmapsto f(x, y(x))$$

の問題と変わらない．ただこのようにすると，最終的な形式が x と y に関して対称でなく，また，もっと変数が多い一般的な場合のことを考えると，見やすく整理された形式で，ということは「線型代数」の様式と調和するようにやっていかねばならない，ということだけである．4元1次方程式をとくのに，ヤミクモにやっても，「線型代数」としてやっても，やっていることは変わらないようなものである．

まず，制限条件が

$$\alpha x + \beta y + \gamma = 0$$

の場合から始めよう．

定常条件については，f の1階微分しか影響しない．ここで

$$df : \begin{bmatrix} dx \\ dy \end{bmatrix} \longmapsto \begin{bmatrix} f'_x & f'_y \end{bmatrix} \begin{bmatrix} dx \\ dy \end{bmatrix}$$

を考えればよい．これはきわめて簡単だ，「$\alpha x + \beta y + \gamma = 0$ 上で $z = Ax + By + C$ が水平になるための条件」，それは

$$\alpha : \beta = A : B$$

である（ここで，γ や C はどうでもよい）．あるいは

$$\begin{bmatrix} A \\ B \end{bmatrix} = \lambda \begin{bmatrix} \alpha \\ \beta \end{bmatrix}$$

とか

$$\begin{vmatrix} \alpha & \beta \\ A & B \end{vmatrix} = 0$$

とか書いてもよい．一般的定式化のためには，この種の表現に直しておかねばならない．

▶ rank $[\alpha \quad \beta]$ = rank $\begin{bmatrix} \alpha & \beta \\ A & B \end{bmatrix}$ の方が，一般化にはつごうがよい．

一般的には

$$g'_x\,dx + g'_y\,dy = 0$$

のときの

$$dz = f'_x\,dx + f'_y\,dy$$

を考えるのだから

$$f'_x : f'_y = g'_x : g'_y$$

でよい．これだけなら，計算してみても判ることだ．

$$\frac{dy}{dx} = -\frac{g'_x}{g'_y}$$

$$\therefore \quad \frac{dz}{dx} = f'_x + f'_y\frac{dy}{dx} = f'_x - f'_y\frac{g'_x}{g'_y}$$

$$= \frac{f'_x g'_y - f'_y g'_x}{g'_y}$$

となる．こんな「代入計算」をしないで，グッとニランで，「1次式のままで」条件式を導くところが，「線型代数」的方式のエエトコなのである．

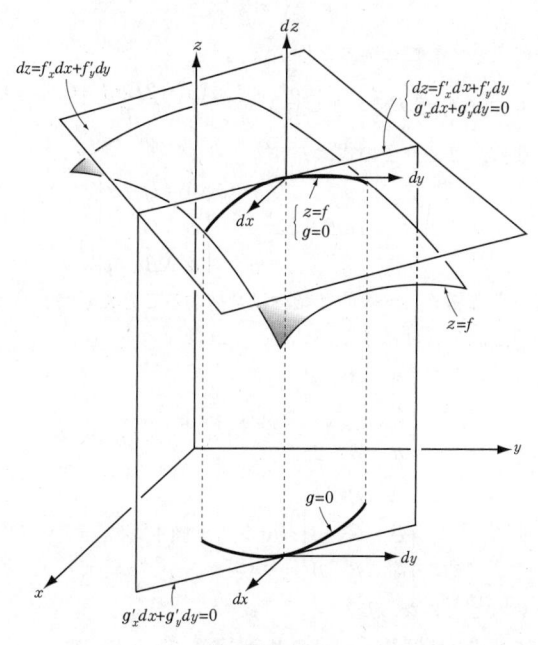

図 9.6

今度は，2次を考えよう．$[0\ 0]$ の近傍で
$$\alpha x + \beta y = 0$$
のときの
$$z = Ax^2 + 2Bxy + Cy^2 + \lambda(\alpha x + \beta y)$$
の問題になる．これは少しヤッカイだ．ためしに

$$y = \left(-\frac{\alpha}{\beta}\right)x$$

を代入して計算してみようか.

$$z = Ax^2 - 2B\frac{\alpha}{\beta}x^2 + C\frac{\alpha^2}{\beta^2}x^2 = \frac{A\beta^2 - 2B\alpha\beta + C\alpha^2}{\beta^2}x^2$$

となる.この分子の式は

$$A\beta^2 - 2B\alpha\beta + C\alpha^2 = -\begin{vmatrix} A & B & \alpha \\ B & C & \beta \\ \alpha & \beta & 0 \end{vmatrix}$$

のように書く.一般的な議論は辛抱することにして,ともかくこれで条件は出たわけだ.それは

$$\begin{vmatrix} A & B & \alpha \\ B & C & \beta \\ \alpha & \beta & 0 \end{vmatrix} > 0 \text{ なら } 極大,$$

$$\begin{vmatrix} A & B & \alpha \\ B & C & \beta \\ \alpha & \beta & 0 \end{vmatrix} < 0 \text{ なら } 極小$$

ということになった.

これをそのまま,一般の場合に直して

$$\begin{vmatrix} f''_{xx} & f''_{xy} & g'_x \\ f''_{yx} & f''_{yy} & g'_y \\ g'_x & g'_y & 0 \end{vmatrix}$$

の符号を調べればよいだろうか.ここで,最初の注意が必要になる.g の2次の影響が問題になるのだ.この条件は,g が1次式のときだけに成立する条件である.もっとも,1

次の束縛条件というのはよくあることで，これだけでも役に立つことも多い．

一般の場合はさておき，2変数なら計算さえすれば条件は出る．よい練習問題だから，やってみるとよい．たとえば，少し原始的だが

$$g'_x + g'_y \frac{dy}{dx} = 0$$

$$g''_{xx} + 2g''_{xy} \frac{dy}{dx} + g''_{yy} \left(\frac{dy}{dx}\right)^2 + g'_y \frac{d^2y}{dx^2} = 0$$

$$f'_x + f'_y \frac{dy}{dx} = 0$$

$$f''_{xx} + 2f''_{xy} \frac{dy}{dx} + f''_{yy} \left(\frac{dy}{dx}\right)^2 + f'_y \frac{d^2y}{dx^2} > 0$$

から $\dfrac{dy}{dx}$ と $\dfrac{d^2y}{dx^2}$ を消去すれば極小条件が求まるはずである．

10. 微分作用素

微分作用素の変数変換

「解析」というからには、いくつかの典型的な計算もできないと困るわけだが、微分計算として典型的なものに、微分作用素の変数変換の計算がある。わりに面倒だし、案外にまちがうのだが、有用なわりに練習する機会が少ないので、ここでやっておこう。

▶積分計算もできないと困るが、それは2重積分をやってからにしよう。いずれにせよ、今回は大学へ入って1年間の計算力の総決算、紙と鉛筆とビタミン剤を用意すること。

たとえば

$$r\frac{d^2u}{dr^2}+(n+1)\frac{du}{dr}-u = 0$$

という微分方程式を考えよう。これは、ベッセルの方程式といわれるものの、ひとつの表現である。ここで、微分作用素

$$r\frac{d^2}{dr^2}+(n+1)\frac{d}{dr}-1 : u \longmapsto r\frac{d^2u}{dr^2}+(n+1)\frac{du}{dr}-u$$

を

$$r = -\frac{s^2}{4}$$

と変換する計算をしてみよう．微分方程式を，いろいろと変換してみて，簡単にしたり，別の角度から眺めることは，必要なことである．微分して

$$dr = -\frac{s}{2}ds$$

だから

$$\frac{d}{dr} = -\frac{2}{s}\frac{d}{ds}$$

になる．ところが

$$\frac{d^2}{dr^2} = \frac{4}{s^2}\frac{d^2}{ds^2}$$

と考えてはいけない．1階の微分 ds は「ひとつの量」としてワリ算をしてもよいが

$$\frac{d^2}{dr^2} = -\frac{2}{s}\frac{d}{ds}\left(-\frac{2}{s}\frac{d}{ds}\right)$$

で，d/ds と $-2/s$ とを交換してはいけないのである．

一般に

$$\frac{d}{ds}\left(f(s)\frac{du}{ds}\right) = f'(s)\frac{du}{ds} + f(s)\frac{d^2u}{ds^2}$$

だから

$$\frac{d}{ds}\left(f\frac{d}{ds}\right) = f'\frac{d}{ds} + f\frac{d^2}{ds^2}$$

と，1階の微分作用素がつけ加わる．今の場合は

$$-\frac{2}{s}\frac{d}{ds}\left(-\frac{2}{s}\frac{d}{ds}\right) = -\frac{4}{s^3}\frac{d}{ds} + \frac{4}{s^2}\frac{d^2}{ds^2}$$

となる．したがって

$$r\frac{d^2}{dr^2}+(n+1)\frac{d}{dr}-1$$
$$=-\frac{s^2}{4}\left(-\frac{4}{s^3}\frac{d}{ds}+\frac{4}{s^2}\frac{d^2}{ds^2}\right)-\frac{2(n+1)}{s}\frac{d}{ds}-1$$
$$=\frac{-1}{s}\left(s\frac{d^2}{ds^2}+(2n+1)\frac{d}{ds}+s\right)$$

となる. すなわち
$$s\frac{d^2u}{ds^2}+(2n+1)\frac{du}{ds}+su=0$$

という方程式になる.

今度は, 従属変数の方を
$$u=\frac{w}{s^n}$$

で変換してみよう.
$$\frac{du}{ds}=\frac{1}{s^n}\frac{dw}{ds}-\frac{n}{s^{n+1}}w,$$
$$\frac{d^2u}{ds^2}=\frac{1}{s^n}\frac{d^2w}{ds^2}-\frac{2n}{s^{n+1}}\frac{dw}{ds}+\frac{n(n+1)}{s^{n+2}}w$$

だから, これを代入して s^{n+1} をかけると
$$s^2\frac{d^2w}{ds^2}-2ns\frac{dw}{ds}+n(n+1)w+(2n+1)s\frac{dw}{ds}$$
$$-(2n+1)nw+s^2w=0$$

すなわち
$$s^2\frac{d^2w}{ds^2}+s\frac{dw}{ds}+(s^2-n^2)w=0$$

という形になる.

▶ここで,「2階微分」d^2u という計算は好ましくない. d^2u は「量」ではないから.

このように，独立変数の変数変換と従属変数の変数変換とが，両方ともできることは必要なことだ．両方同時にしてもよいが，まちがいやすいから，1つずつやる方が安全．

次の変数変換はイヤラシイが，有名だから，一生に一度ぐらいは計算してみるとよい．

[問] $t(1-t)\dfrac{d^2x}{dt^2}+(\gamma-(\alpha+\beta+1)t)\dfrac{dx}{dt}-\alpha\beta x = 0$

を

$$t = s^{-1}, \quad x = s^\alpha y$$

で変数変換せよ．

ラプラス作用素の極形式

今度は，偏微分作用素の場合をやってみよう．熱，波動，ポテンシャルなど基本的なラプラス作用素で，はじめは2次元の場合

$$\dfrac{\partial^2}{\partial x^2}+\dfrac{\partial^2}{\partial y^2} : u \longmapsto \dfrac{\partial^2 u}{\partial x^2}+\dfrac{\partial^2 u}{\partial y^2}$$

について，これを極座標

$$\begin{cases} x = \rho \cos \varphi \\ y = \rho \sin \varphi \end{cases}$$

に変換する．これは非常に有名な計算で，教養課程としての偏微分計算の試金石ともいえよう．

まず，変数変換を微分して

$$\begin{cases} dx = \cos \varphi \, d\rho - \rho \sin \varphi \, d\varphi \\ dy = \sin \varphi \, d\rho + \rho \cos \varphi \, d\varphi \end{cases}$$

で $\left(dx = \dfrac{\partial x}{\partial \rho}d\rho + \dfrac{\partial x}{\partial \varphi}d\varphi \text{ などを計算する}\right)$，これを $d\rho$ と $d\varphi$ についてとくと

$$\begin{cases} d\rho = \cos\varphi\, dx + \sin\varphi\, dy \\ d\varphi = \dfrac{-\sin\varphi}{\rho}dx + \dfrac{\cos\varphi}{\rho}dy \end{cases}$$

となる（これが $d\rho = \dfrac{\partial \rho}{\partial x}dx + \dfrac{\partial \rho}{\partial y}dy$ など）．そこで

$$du = \frac{\partial u}{\partial \rho}d\rho + \frac{\partial u}{\partial \varphi}d\varphi$$

だから

$$\frac{\partial}{\partial x} = \frac{\partial \rho}{\partial x}\frac{\partial}{\partial \rho} + \frac{\partial \varphi}{\partial x}\frac{\partial}{\partial \varphi} = \cos\varphi\,\frac{\partial}{\partial \rho} - \frac{\sin\varphi}{\rho}\frac{\partial}{\partial \varphi}$$

$$\frac{\partial}{\partial y} = \frac{\partial \rho}{\partial y}\frac{\partial}{\partial \rho} + \frac{\partial \varphi}{\partial y}\frac{\partial}{\partial \varphi} = \sin\varphi\,\frac{\partial}{\partial \rho} + \frac{\cos\varphi}{\rho}\frac{\partial}{\partial \varphi}$$

となる．これから

$$\frac{\partial^2}{\partial x^2} = \cos^2\varphi\,\frac{\partial^2}{\partial \rho^2} - \frac{2\cos\varphi\sin\varphi}{\rho}\frac{\partial^2}{\partial \rho\partial \varphi} + \frac{\sin^2\varphi}{\rho^2}\frac{\partial^2}{\partial \varphi^2}$$
$$+ \cos\varphi\,\frac{\partial}{\partial \rho}\left(\frac{-\sin\varphi}{\rho}\right)\cdot\frac{\partial}{\partial \varphi} - \frac{\sin\varphi}{\rho}\frac{\partial}{\partial \varphi}(\cos\varphi)\cdot\frac{\partial}{\partial \rho}$$
$$- \frac{\sin\varphi}{\rho}\frac{\partial}{\partial \varphi}\left(\frac{-\sin\varphi}{\rho}\right)\cdot\frac{\partial}{\partial \varphi}$$
$$= \cos^2\varphi\,\frac{\partial^2}{\partial \rho^2} - \frac{2\cos\varphi\sin\varphi}{\rho}\frac{\partial^2}{\partial \rho\partial \varphi} + \frac{\sin^2\varphi}{\rho^2}\frac{\partial^2}{\partial \varphi^2}$$
$$+ \frac{\sin^2\varphi}{\rho}\frac{\partial}{\partial \rho} + \frac{2\cos\varphi\sin\varphi}{\rho^2}\frac{\partial}{\partial \varphi}$$

となる $\left(\dfrac{\partial}{\partial \varphi}\left(f\dfrac{\partial}{\partial \rho}\right) = f\dfrac{\partial^2}{\partial \varphi\partial \rho} + \dfrac{\partial f}{\partial \varphi}\dfrac{\partial}{\partial \rho}\right.$ など$\left.\right)$．ここでも，前と同じく，1階の微分作用素の項に注意．同様に

$$\frac{\partial^2}{\partial y^2} = \sin^2\varphi \frac{\partial^2}{\partial \rho^2} + \frac{2\cos\varphi\sin\varphi}{\rho}\frac{\partial^2}{\partial\rho\partial\varphi} + \frac{\cos^2\varphi}{\rho^2}\frac{\partial^2}{\partial\varphi^2}$$
$$+ \frac{\cos^2\varphi}{\rho}\frac{\partial}{\partial\rho} - \frac{2\cos\varphi\sin\varphi}{\rho^2}\frac{\partial}{\partial\varphi}$$

となって,結局

$$\frac{\partial^2}{\partial x^2} + \frac{\partial^2}{\partial y^2} = \frac{\partial^2}{\partial \rho^2} + \frac{1}{\rho^2}\frac{\partial^2}{\partial \varphi^2} + \frac{1}{\rho}\frac{\partial}{\partial \rho}$$

となる.この半径方向の部分

$$\frac{\partial^2}{\partial \rho^2} + \frac{1}{\rho}\frac{\partial}{\partial \rho} = \frac{1}{\rho^2}\left(\rho\frac{\partial}{\partial \rho}\right)^2$$

は,ベッセルの形をしている.

つぎは,3次元の場合に

$$\begin{cases} z = r\cos\theta \\ \rho = r\sin\theta \end{cases}$$

で変換する.

$$\frac{\partial^2}{\partial x^2} + \frac{\partial^2}{\partial y^2} + \frac{\partial^2}{\partial z^2} = \frac{\partial^2}{\partial \rho^2} + \frac{1}{\rho^2}\frac{\partial^2}{\partial \varphi^2} + \frac{\partial^2}{\partial z^2} + \frac{1}{\rho}\frac{\partial}{\partial \rho}$$

だが

$$\frac{\partial^2}{\partial z^2} + \frac{\partial^2}{\partial \rho^2} = \frac{\partial^2}{\partial r^2} + \frac{1}{r^2}\frac{\partial^2}{\partial \theta^2} + \frac{1}{r}\frac{\partial}{\partial r},$$

$$\frac{\partial}{\partial \rho} = \sin\theta\frac{\partial}{\partial r} + \frac{\cos\theta}{r}\frac{\partial}{\partial \theta}$$

より

$$\frac{\partial^2}{\partial x^2} + \frac{\partial^2}{\partial y^2} + \frac{\partial^2}{\partial z^2}$$
$$= \frac{\partial^2}{\partial r^2} + \frac{1}{r^2}\frac{\partial^2}{\partial \theta^2} + \frac{1}{r^2\sin^2\theta}\frac{\partial^2}{\partial \varphi^2} + \frac{2}{r}\frac{\partial}{\partial r} + \frac{\cos\theta}{r^2\sin\theta}\frac{\partial}{\partial \theta}$$

となる．ここでも，半径方向
$$\frac{\partial^2}{\partial r^2}+\frac{2}{r}\frac{\partial}{\partial r}=\frac{1}{r^4}\left(r^2\frac{\partial}{\partial r}\right)^2$$
はベッセル型だが，子午線に沿っての緯度部分は
$$\frac{1}{r^2}\left(\frac{\partial^2}{\partial \theta^2}+\frac{\cos\theta}{\sin\theta}\frac{\partial}{\partial\theta}\right)=\frac{1}{r^2\sin^2\theta}\left(\sin\theta\frac{\partial}{\partial\theta}\right)^2$$
という，微分作用素になる．これは
$$t=\cos\theta$$
と変数変換すると
$$dt=-\sin\theta\,d\theta$$
$$\left(\sin\theta\frac{\partial}{\partial\theta}\right)^2=\left((1-t^2)\frac{\partial}{\partial t}\right)^2$$
となる．ここに出てきた
$$\frac{d}{dt}\left((1-t^2)\frac{d}{dt}\right)=(1-t^2)\frac{d^2}{dt^2}-2t\frac{d}{dt}$$
という微分作用素は，ルジャンドルの微分作用素といわれている．

ルジャンドル関数とベッセル関数

振動現象や円運動に関係する
$$\frac{d^2u}{d\varphi^2}=-n^2\varphi$$
の解として，三角関数の
$$u=a\cos n\varphi+b\sin n\varphi$$
がえられる．

2次元や3次元の振動になると，半径や緯度を考えると

きには，今までの「初等関数」でない，「特殊関数」とよばれる関数が出てくる．これらの関数は，さきのように，ラプラス作用素を変数変換したときに，出てくる微分作用素に関係するわけである．

まず
$$(1-t^2)\frac{d^2u}{dt^2}-2t\frac{du}{dt}+\lambda u = 0$$
が，n 次の多項式
$$u = \sum_{k=0}^{n} a_k\, t^k, \quad a_n \neq 0$$
となる条件を求めてみよう．

$$\frac{du}{dt} = \sum_{k=0}^{n} k\, a_k\, t^{k-1}, \quad \frac{d^2u}{dt^2} = \sum_{k=0}^{n} k(k-1)\, a_k\, t^{k-2}$$

だから，t^k の係数を比較して
$$(k+1)(k+2)a_{k+2}+(\lambda-k(k+1))a_k = 0$$
となる．
$$a_{n+2} = 0, \quad a_n \neq 0$$
より
$$\lambda = n(n+1)$$
になる．ここで
$$n(n+1)-k(k+1) = (n-k)(n+k+1)$$
なので
$$(k+1)(k+2)a_{k+2} = -(n-k)(n+k+1)a_k$$
が係数間の関係になる．

こうして

$$(1-t^2)\frac{d^2u}{dt^2}-2t\frac{du}{dt}+n(n+1)u = 0$$

の解としてえられる，係数が上の関係であるような関数 $P_n(t)$ のことを，ルジャンドル関数という．n が奇数なら奇数ベキだけ，n が偶数なら偶数ベキだけの多項式であり，n が整数でないときは，多項式の形としてはえられない．ただし，これだけでは定数因子倍の不定性があるので，普通は積分などとの関連で因子を定める（定め方の流儀は，必ずしも一致していないようだ）．

ベッセルの方は

$$s^2\frac{d^2u}{ds^2}+s\frac{du}{ds}+(s^2-n^2)u = 0$$

だが，多項式でなくて無限級数で，$a_0 \neq 0$ について

$$u = s^p\sum_{k=0}^{\infty}a_k s^k, \quad \frac{du}{ds} = s^p\sum_{k=0}^{\infty}(p+k)a_k s^{k-1},$$

$$\frac{d^2u}{ds^2} = s^p\sum_{k=0}^{\infty}(p+k)(p+k-1)a_k s^{k-2}$$

で，最初の項は

$$(p^2-n^2)a_0 = 0$$

だから

$$p = \pm n$$

である．$p=n$ の方（$n \geqq 0$ なら原点で連続）については，第2項から，$n=-\dfrac{1}{2}$ のとき以外は

$$((n+1)^2-n^2)a_1 = 0 \quad \therefore \quad a_1 = 0$$

で，それ以外は，係数を比較して，n が半整数でなければ偶数項だけで

$$((n+2h)^2 - n^2)a_{2h} + a_{2h-2} = 0$$

という関係になる．この関係で係数が定まる（定数倍の不定因子は適当にとる）

$$u = s^n \sum_{k=0}^{\infty} a_{2h} s^{2h}$$

のことを，ベッセル関数といい，$J_n(s)$ と書く．

これらは，どちらも2階線型微分方程式だから，まだカタワレを考えたにすぎないが，よく使う方を出した．まだこの系譜はずっとあって，それぞれに有用であるが，今は「計算」の典型例として出したので，これ以上の深入りはよそう（じつは紙数がない）．

▶演習書などで，この種の問題があれば，やっておくこと．

直交関係

特殊関数の諸法則もいろいろあるのだが，ここでは，今までに積分の練習をしなさすぎるのが片手落ちなので，直交関係にだけ触れておこう．

$$\frac{d^2 u_n}{d\varphi^2} = -n^2 u_n, \quad \frac{d^2 u_m}{d\varphi^2} = -m^2 u_m, \quad n^2 \neq m^2$$

について

$$\int_0^{2\pi} u_n u_m d\varphi = 0$$

という，基本関係がある．これは，三角関数の積分を計算してもよいが，次のようにしてもよい．

$$-n^2 \int_0^{2\pi} u_n u_m d\varphi = \int_0^{2\pi} u_n'' u_m d\varphi$$

$$= \Bigl[u_n' u_m\Bigr]_0^{2\pi} - \int_0^{2\pi} u_n' u_m' d\varphi$$

ところで，u_n も u_m も周期 2π の周期関数になるから

$$u_n'(0) u_m(0) = u_n'(2\pi) u_m(2\pi)$$

で

$$-n^2 \int_0^{2\pi} u_n u_m d\varphi = -\int_0^{2\pi} u_n' u_m' d\varphi = -m^2 \int_0^{2\pi} u_n u_m d\varphi$$

$$\therefore \int_0^{2\pi} u_n u_m d\varphi = 0$$

▶ここの周期といったのは，最小周期ではなくて $f(t+2\pi)=f(t)$ だけの意味．

この論法は，ルジャンドルの場合にも使える．

2つのルジャンドル関数

$$((1-t^2) P_n')' = -n(n+1) P_n,$$
$$((1-t^2) P_m')' = -m(m+1) P_m,$$
$$n(n+1) \neq m(m+1)$$

にたいし

$$-n(n+1) \int_{-1}^{1} P_n P_m dt = \int_{-1}^{1} ((1-t^2) P_n')' P_m dt$$
$$= \Bigl[(1-t^2) P_n' P_m\Bigr]_{-1}^{1} - \int_{-1}^{1} (1-t^2) P_n' P_m' dt$$
$$= -\int_{-1}^{1} (1-t^2) P_n' P_m' dt$$
$$= -m(m+1) \int_{-1}^{1} P_n P_m dt$$
$$\therefore \int_{-1}^{1} P_n P_m dt = 0$$

ベッセルについては，少し事情が違うが，整数 $n \geq 0$ に

ついて
$$J_n(k) = J_n(h) = 0, \quad k^2 \neq h^2$$
とするとき,$J_n'(0)=0$ で
$$\frac{d}{ds}\left(s\frac{dJ_n(ks)}{ds}\right)+\left(k^2s-\frac{n^2}{s}\right)J_n(ks) = 0,$$
$$\frac{d}{ds}\left(s\frac{dJ_n(hs)}{ds}\right)+\left(h^2s-\frac{n^2}{s}\right)J_n(hs) = 0$$
となって
$$(k^2-h^2)\int_0^1 J_n(ks)J_n(hs)sds$$
$$= \int_0^1\Big[J_n(ks)\frac{d}{ds}\Big(s\frac{dJ_n(hs)}{ds}\Big)$$
$$-J_n(hs)\frac{d}{ds}\Big(s\frac{dJ_n(ks)}{ds}\Big)\Big]ds$$
$$= \Big[sJ_n(ks)\frac{dJ_n(hs)}{ds}-sJ_n(hs)\frac{dJ_n(ks)}{ds}\Big]_0^1 = 0$$
すなわち
$$\int_0^1 J_n(ks)J_n(hs)s\,ds = 0$$
となる.

じつは,これらは,微分作用素に関する固有値問題であって,「線型代数」の固有値問題と同じ枠組の問題に属する.それらについて一般論を考えたりするのは,「位相解析」の課題である.

当面の問題は「微積分の計算練習」にすぎなかったのだが,「微積分教科書」風のデッチアゲタ「計算問題」ではなしに,この種の計算に馴れておくことが,将来の発展とい

う意味でも，真に「典型的」な計算であるという意味でも，重要であろう．

11. 積分と密度微分

積分の2つのイメージ

　式の上でいえば，積分とはこれこれの手続きで定義したものです，といってしまえばそれまでだが，そこは人間のこと，それによって何ものかを連想したりする．ところが，たいていは，積分といえば面積，となる．

　これは，じつはぼくには気に入らない．まず第1に，線が動いて面となる，には違いないものの，「長さが集まって面積になる」わけではない．「長さ」の $f(x)$ cm ではなしに，長さ×長さの「無限小面積」$f(x)\,dx$ cm^2 が集まってこそ，面積になるのである．この点が，ついアイマイになりやすいので，もっと次元の明確な量をイメージにした方がよい．つぎに第2には，2変数や3変数関数の積分，いわゆる2重積分や3重積分を考えることがある．このとき，2重積分は体積，とやってしまうと，3重積分はなにやら判らんことになってしまう．4次元空間の外延的描像は想像力を要するとしても，3次元空間に住みながら，3重積分が判らんでは情ない．また実際に，3重積分までは，ふつうの3次元空間として出てくるのである．

　積分のイメージのひとつのよりどころは，微分方程式と

積分方程式

$$\frac{dx}{dt} = f(t, x), \ x(t_0) = x_0$$

$$\longleftrightarrow \ x = x_0 + \int_{t_0}^{t} f(t, x(t)) \, dt$$

とくに，その特別の場合

$$\frac{dx}{dt} = f(t), \ x(t_0) = x_0 \ \longleftrightarrow \ x = x_0 + \int_{t_0}^{t} f(t) \, dt$$

として理解することである．たとえば，$f(t) \ell$ /sec である量をためるとして，最初の時刻 t_0 sec のとき $x_0 \ell$ であったとしたら，t sec のときの $x \ell$ は，この形になる．変数 t を時間と思う必要はないが，直線的に変化する変量 t に関する変化率 $f(t)$ で，x の変動

$$dx = f(t) \, dt$$

をツナイデイク，というイメージはあってもよい．これは，なまじ「線が動いて面になる」などというより，よいように思う．かえって，この方が次元的混乱はない．これはいわば

　　　微分方程式を通じての積分のイメージ

といえるかもしれない．

しかし，こちらの方は，一方向に t に沿ってツナグ，といった気持ちが強くて，2変数以上の場合には，ずっと複雑な内容のものになってしまう．2重積分でも3重積分でも使える方のは

　　　測度と密度による積分のイメージ

である．普通に，「積分論」とか「測度論」とかにつながる

のは，この方向である．

いま，位置 x の目盛られた針金があったとしよう．これは，x 直線（数直線）と同一視できる．ただし，これを原子論的に考えるのではなく，連続体として考える．

ここで，区間 I の部分を切りとったとき，その質量を $w(I)$ g とする．これは区間 I に数 $w(I)$ を対応させているわけで，区間 ⟼ 数という関数
$$w: I \longmapsto w(I)$$
になっている．切りとる部分が区間でなくて，もう少し一般の集合でもよい．たとえば，区間の有限個の合併などでもよい．このとき，加法性：

$I_1 \cap I_2 = \phi$ ならば $w(I_1 \cup I_2) = w(I_1) + w(I_2)$

すなわち，I_1 と I_2 の交わりがなければ（共通部分 $I_1 \cap I_2$ が空集合 ϕ ならば），I_1 と I_2 との合併 $I_1 \cup I_2$ の質量は，I_1 の質量と I_2 の質量との和になる．このような性質をもつ w を一般に測度ということにしよう（正式には，「連続性」の問題があるのだが，今は「測度論」をやるのではないから，問題にしないでおく）．ここで，質量といったが，もっと一般に「なにかの量」でよい．そのことは，さきの微分方程式で，t が時間でなくても「変化の標識」で，x が「なにかの変量」ならば，変化率 $f(t)$ の考えられるのと同じである．たとえば，この線上に電荷が分布していると考えて，電気量を考えてもよいし，I の部分に x のくる確率を考えるときでもよい．ともかく，I に対応する加法的な「量」$w(I)$ であり，たいていは正だが，電気のように負に

なってもよい．もっと基本的には，I の長さ $m(I)$ でもよい．

ところで，I の部分の平均密度

$$\frac{w(I)}{m(I)}$$

が考えられる．これは，I の部分にこの「量」が均質にあるとした場合の密度である．ここで

$$f(x) = \lim_{I \to x} \frac{w(I)}{m(I)}$$

のことを，点 x における密度という．この極限は，I をちぢめて点 x にしたとき，という意味で，ε 式に書きたい人は

　　任意の $\varepsilon > 0$ にたいし，$x \in I_0$ があって $x \in I \subset I_0$ なら

$$\left| f(x) - \frac{w(I)}{m(I)} \right| \leq \varepsilon$$

とでも考えればよい（I_0 は x を内部に含む区間）．

これを

$$f(x) = \frac{w(dx)}{m(dx)} \quad \text{または} \quad \frac{w(dx)}{dx}$$

$$w(dx) = f(x) m(dx) \quad \text{または} \quad f(x) dx$$

などと書く．これは一種の「微分」であって，とくに区別するときは密度微分という．

▶ $w(dx)$ と書く流儀と，$dw(x)$ と書く流儀とがある．

このとき

$$w(I) = \int_I f(x)\,dx$$

すなわち，$w(I)$ というのは，無限小質量

$$w(dx) = f(x)\,dx$$

をアワセタもの，という考えである．ふつうは，

$$\int_{[a,b]} f(x)\,dx = \int_a^b f(x)\,dx$$

という記号法を用いるのである．

普通の積分の形式を用いたが，たしかに，f が連続のときは，十分 a の近くの I では

$$f(a)-\varepsilon \leq f(x) \leq f(a)+\varepsilon$$

$$\therefore \int_I (f(a)-\varepsilon)\,dx \leq \int_I f(x)\,dx$$
$$\leq \int_I (f(a)+\varepsilon)\,dx$$

すなわち

$$\left| f(a) - \frac{\int_I f(x)\,dx}{\int_I dx} \right| \leq \varepsilon$$

となっている．

積分のイメージを，このようにとらえることの長所は，2変数関数の場合でも，3変数関数の場合でも，同じように考えられることである．2次元ならブリキ板，3次元なら金塊でも考えればよい．たとえば2次元なら，区間のかわりに

$$I = \left\{ \begin{pmatrix} x_1 \\ x_2 \end{pmatrix}; \begin{matrix} a_1 \leq x_1 \leq b_1 \\ a_2 \leq x_2 \leq b_2 \end{matrix} \right\}$$

を考えれば,

$$w(dx_1, dx_2) = f(x_1, x_2)\, dx_1 dx_2,$$
$$m(dx_1, dx_2) = dx_1 dx_2$$

のようになって

$$w(I) = \iint_I f(x_1, x_2)\, dx_1 dx_2,$$
$$f(\boldsymbol{x}) = \lim_{I \to x} \frac{w(I)}{m(I)}$$

のようになる．3次元になっても同じである．

最初の方が，時間をもとにしてツナグ

変量 = 変化速度×時間

の典型を発展させたものとすると，こちらは，空間的な体積をもとにしてアワセル

質量 = 密度×体積

の典型を発展させたものともいえる．これらは，両方とも典型としての意味を持っている．これだけで，すべてを覆えるものでもないが，この2つは積分の最初のイメージとしては，基本的なものといえる．とくに，密度のイメージを用いないと，積分がわかりにくくなることが多いのに，高校以来，この種のことをあまりやっていないだろうから，ここでとくに強調しておく．

密度を持った積分と点での積分

▶以下 I は動かさないで，考える範囲としておく．

もっと一般には
$$w(dx) = f(x)\,dx$$
による積分
$$\int_I g(x)\,w(dx) = \int_I g(x)f(x)\,dx$$
を考えることがある．これは，積 $g(x)f(x)$ の dx による積分というより，$g(x)$ の $f(x)\,dx$ による積分と考えた方が判りよいことがある．
$$I_f(g) = \int_I g(x)f(x)\,dx$$
も，普通の積分（f が1で，$f\,dx$ が dx の場合）
$$I_1(g) = \int_I g(x)\,dx$$
とほとんど同じ性質，とくに線型性：
$$I_f(g_1+g_2) = I_f(g_1)+I_f(g_2), \quad I_f(cg) = cI_f(g)$$
を持っている．単調性については，$f \geq 0$ すなわち正密度については
$$g_1 \geq g_2 \quad \text{なら} \quad I_f(g_1) \geq I_f(g_2)$$
となる．

この種の性質は，しかしながら，連続体で密度を考えるときだけでない．

点 a が「質点」で，長さが0なのに，質量 c を持っているとする．このとき
$$w = c\delta_a$$

という記号で表わすこともある．この δ_a というのは位置を示すだけだが，
$$I_{a,c}(g) = cg(a)$$
という量を考えよう．これは，g の変数 x が a になる点以外 (そこには「質量がない」)を無視して，点 a の質量 c をかけたわけである．記号を流用して，
$$\int_I g(x)\,w(dx) = cg(a)$$
と書くこともある．これも，線型性を持つし，$c \geqq 0$ なら単調性を持つ．

さらに，点 $a_1, a_2, \cdots, a_n$ に質量 $c_1, c_2, \cdots, c_n$ があるときには
$$w = c_1\delta_{a_1} + c_2\delta_{a_2} + \cdots + c_n\delta_{a_n}$$
として
$$\int_I g(x)\,w(dx) = \sum_{k=1}^{n} c_k g(a_k)$$
のような型になる．この意味では，級数というのも，広い意味での「積分」の一種とも考えられる．いわばポツポツと離散的に分布した $\sum c_k \delta_{a_k}$ による積分が級数で，ズーット連続的に分布した $f\,dx$ による積分が普通にいう積分なのである．

微分と積分との関係は，
$$\int_a^b f'(x)\,dx = f(b) - f(a)$$
であるが，この右辺も「積分」の形で
$$f(b) - f(a) = I_{a,-1}(f) + I_{b,1}(f)$$

と書くこともできる．このことは，区間 $[a, b]$ 上の $f'dx$ の積分が，$[a, b]$ の両端 a (-1 をおく) と b ($+1$ をおく) での f の「積分」になった，とも考えられる．これはずいぶんと不自然な形だが，あとで一般に「ベクトル解析」をやるようになると，この

> df の A での積分を，f の A の境界での積分になおす

という原理が活躍することになる．ただし，これは少し早まったところもあって，これだけでそんな原理の判るはずもないし，それはまだ先の学習の課題である．今は，積分といっても，$w(dx)$ をタスとか，$g(x)w(dx)$ をタスとか，あるいはこの w が連続的でなくて質点系よりなる場合とか，「積分」の概念をヤワラカクしておくことだけが問題なのである．

平均としての積分

今度はとくに，考える範囲 I について
$$p(I) = 1$$
となる，正測度 p を考えよう．このような，「全体を1とした」測度のことを，正規測度という．このとき，g の p による積分

$$E(g) = \int_I g(x)\,p(dx)$$

のことを，g の p による平均という．この

> 正規測度による積分は平均である

ということを，いいたいのだが，これだけでは，ナンデこんなところに「平均」がとびだしたのか，サッパリ判らんだろう．

小学校のとき，$g(1)$ と $g(2)$ の平均は

$$E(g) = \frac{g(1)+g(2)}{2}$$

とならったはずだ．タシテ2デワル，というと，ボス交のカケヒキみたいでいやらしい．ところが，民主主義だから平等に $\frac{1}{2}$ ずつの権利があるのだから，おたがいに $\frac{1}{2}$ だけの権利をみとめて

$$E(g) = g(1)\cdot\frac{1}{2}+g(2)\cdot\frac{1}{2}$$

とすると，ミンシュテキな気になるところが不思議．

もっと一般に，$p_1, p_2, \cdots, p_n$ のワリアイで n 人が権利を持つ場合

$$p_1+p_2+\cdots+p_n = 1, \quad p_k \geq 0$$

について

$$E(g) = \sum_{k=1}^{n} g(k)\, p_k$$

として，平均を考えようというわけである．この場合

$$p = \sum p_k \delta_k$$

になっている．

この配分のもとになるのが，$c_1, c_2, \cdots, c_n$ の場合で

$$c_1+c_2+\cdots+c_n \neq 0, \quad c_k \geq 0$$

のときなら

$$w = \sum_k c_k \delta_k, \quad w(I) = \sum_k c_k$$

となっているわけで，全体 $w(I)$ を「1としたワリアイ」

$$p_k = \frac{c_k}{w(I)}$$

については

$$E(g) = \frac{\sum g(k) c_k}{\sum c_k}$$

となっている．この場合は，p のことを，w を正規化した測度という．小学校以来おなじみの「全体を1とみたワリアイ」のことである．

ついでに，もう少し，「小学校の復習」をしよう．

1% の食塩水が 300 g, 2% の食塩水が 200 g, 3% の食塩水が 500 g あります．これを混ぜれば

$$\frac{300 \text{ g} \times 0.01 + 200 \text{ g} \times 0.02 + 500 \text{ g} \times 0.03}{300 \text{ g} + 200 \text{ g} + 500 \text{ g}} = 0.022$$

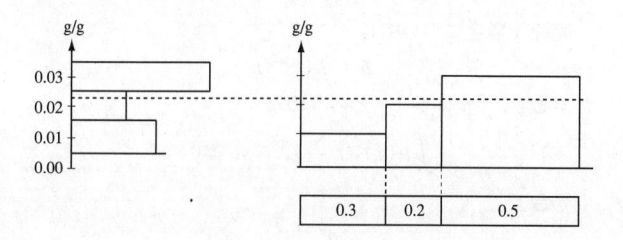

図 11.1

になる．これを，どの1gについても0.01gずつ塩がある，という考え方だと

$$\frac{0.01\,\mathrm{g/g}\times 300\,\mathrm{g}+0.02\,\mathrm{g/g}\times 200\,\mathrm{g}+0.03\,\mathrm{g/g}\times 500\,\mathrm{g}}{300\,\mathrm{g}+200\,\mathrm{g}+500\,\mathrm{g}}$$

$$= 0.01\,\mathrm{g/g}\times\frac{3}{10}+0.02\,\mathrm{g/g}\times\frac{2}{10}+0.03\,\mathrm{g/g}\times\frac{5}{10}$$

で，ここで必要なものは

$$0.3:0.2:0.5$$

というワリアイだけである．

ここで，図11.1の塩をナラシタものが平均になる．

平均の場合は，線型性と単調性がある上に，

$$E(1) = \int_I p(dx) = p(I) = 1$$

となり，

$$\bar{g} = E(g) \longleftrightarrow E(g-\bar{g}) = 0$$

で，$\bar{g}$ を基準にするとバランスがとれていることにもなる．

連続な場合については

$$p = h(x)\,dx$$

とすると，「全体が1」というのは

$$\int_I h(x)\,dx = 1, \quad h \geq 0$$

の場合で，

$$E(g) = \int_I g(x)\,h(x)\,dx$$

ということになる．一般の

$$w(dx) = f(x)\,dx, \quad f \geqq 0$$

については，この質量の分布のしかたを「全体を1とみて」正規化すると，

$$h(x)\,dx = \frac{f(x)}{w(I)}dx$$

について

$$E(g) = \frac{\int_I g(x)f(x)\,dx}{\int_I f(x)\,dx}$$

ということになる．

重心

とくに，位置の質量分布による平均のことを重心という．

質点系で，x_k に質量が p_k のワリアイで分布しているときは

$$\bar{x} = \sum_k x_k p_k$$

であるし，連続体で点 x での分布のワリアイが $h(x)\,dx$ なら

$$\bar{x} = \int_I x \cdot h(x)\,dx$$

になる．

簡単な場合として，$0, 1, \cdots, n-1$ に均質に $\dfrac{1}{n}$ ずつ質量が分布している場合を考えてみよう（図11.2）．このときは当然に，バランスのとれるのは 0 と $n-1$ の中間にきま

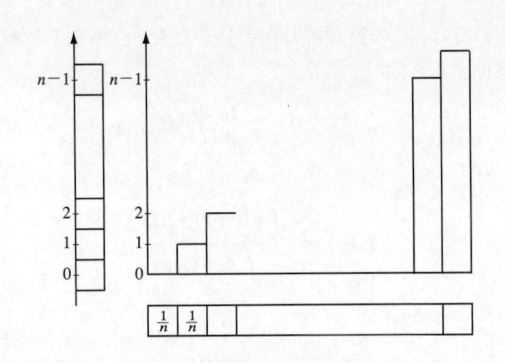

図 11.2

っている．すなわち

$$\sum_{k=0}^{n-1} k \frac{1}{n} = \frac{n-1}{2} \quad \therefore \quad \sum_{k=1}^{n-1} k = \frac{n(n-1)}{2}$$

である．これは，有名なヒックリカエシテタス等差級数の和の求め方にほかならない．

連続で均質な場合も同様で

$$\int_a^b x \frac{dx}{b-a} = \frac{a+b}{2} \quad \therefore \quad \int_a^b x dx = \frac{b^2 - a^2}{2}$$

がえられる．ガリレイの時代には，x の積分はこうして求めていたわけで，これもまたヒックリカエス方式の「台形の面積」である．

ここで，x の方が2次元で平面上の点であったり，3次

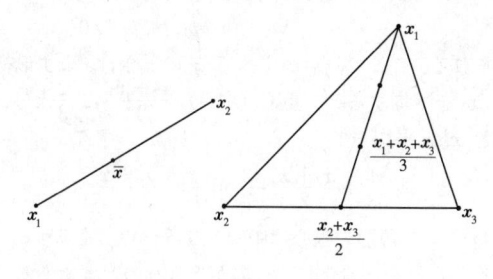

図 11.3

元で3次元空間の点であったりしても,同じことであって,

$$\bar{x} = \sum_k x_k p_k$$

で重心は求まる.

とくに,x_1 と x_2 に p_1 と p_2 のワリアイで重みをおくと,
$$\bar{x} = x_1 p_1 + x_2 p_2$$
は,「線分を内分する点」になる(図11.3).逆に,線分上の点は

$$\bar{x} = x_1 p_1 + x_2 p_2, \quad p_1 + p_2 = 1, \quad p_1, p_2 \geq 0$$

でえられることになる.p_1 と p_2 に負をゆるすと,直線上の点がえられる.それゆえ,この

$$(p_1, p_2) : p_1 + p_2 = 1$$

のことを,直線上の重心座標という.

同じように,同一直線上にない3点で考えると,3角形

$$\bar{x} = x_1 p_1 + x_2 p_2 + x_3 p_3, \quad p_1 + p_2 + p_3 = 1,$$
$$p_1, p_2, p_3 \geq 0$$

がえられる．ここで，p_k がすべて $\frac{1}{3}$ のときは，まず最初に x_2 と x_3 を平均すると，重心（中点）$\frac{x_2 + x_3}{2}$ に $\frac{2}{3}$ が来て，これと x_1 と平均して

$$x_1 \cdot \frac{1}{3} + \frac{x_2 + x_3}{2} \cdot \frac{2}{3} = \frac{x_1 + x_2 + x_3}{3}$$

すなわち，「3角形の重心は中線の3等分点である」ことがわかる．これを一般化したものがチェバの定理である．

もっと一般に，たとえば平面上に $x_1, x_2, \cdots, x_n$ のあるとき

$$\bar{x} = x_1 p_1 + x_2 p_2 + \cdots + x_n p_n, \quad p_1 + p_2 + \cdots + p_n = 1,$$
$$p_1, p_2, \cdots, p_n \geq 0$$

を考えると，これは

$\{x_1, x_2, \cdots, x_n\}$ から張った凸多角形領域

になる（図 11.4）．

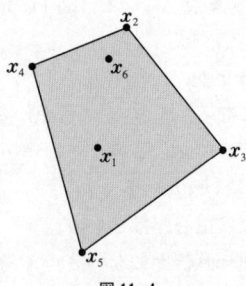

図 11.4

図 11.5

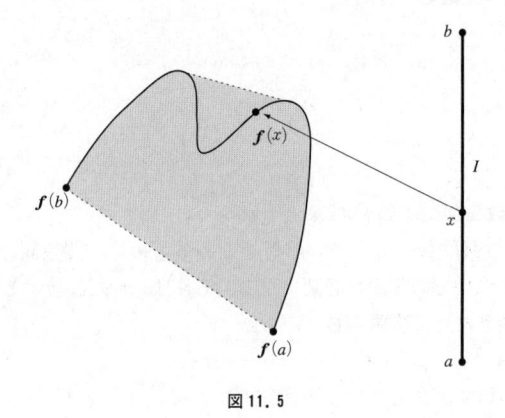

さらに一般には，I 上で定義されたベクトル値関数 $f(x)$ について
$$\left\{ f = \int_I f(x)\, p(dx) \, ; \, p(I) = 1 \right\}$$
を考えると，これによって，

　　　　$f(I)$ から張った凸集合

がえられることになる（図 11.5）．

12. 収束の一様性

2変数関数と関数列の収束

2変数関数についての解析を進めるために，関数族の極限についての議論が必要になる．それは，$x \in X$, $y \in Y$ で定義された2変数関数

$$f: (x, y) \longmapsto f(x, y)$$

について，たとえばyを固定して，径数（パラメーター）yを持った1変数関数

$$f_y: x \longmapsto f(x, y)$$

を考え，その上でyを動かして，関数f_yの径数yについての変動を見ることが必要になるからである．

▶ $\dfrac{\partial f}{\partial y}$ のことをf_yと書く流儀もあるが，ここでは，その場合はf'_yと書くことで区別することにする．
なおパラメーターについては，媒介変数，助変数などの訳語もある．

とくに，一方が離散変数nの場合，

$$f: (x, n) \longmapsto f(x, n)$$

を考えよう．この場合は，nを径数として

$$f_n: x \longmapsto f(x, n)$$

すなわち，1変数関数列 (f_n) の極限を考えているのであ

る．そこで，この問題はしばしば関数列の極限

$$\lim_{n\to\infty} f_n = f_\infty$$

の問題として扱われる．

ところで，関数列 (f_n) が関数 f_∞ に収束するとは，なにを意味するのだろうか．関数値について

$$\text{各 } x \text{ で} \lim_{n\to\infty} f_n(x) = f_\infty(x)$$

と考えてよいだろうか．それはたしかに，一種の極限概念を与えはする．これは単純収束といって（各点収束ともいう），

$$s\text{-}\lim_{n\to\infty} f_n = f_\infty$$

という記号が用いられる．しかし問題は，関数列についての極限概念を，このように規定することが，微積分の展開

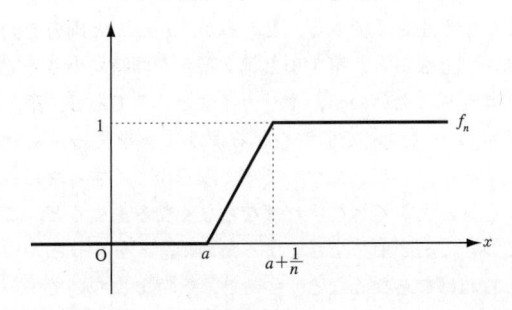

図 12.1

にとって適切であるかどうかである．

これはじつは，適切ではない．たとえば図12.1のようなグラフの関数 f_n を考えてみよう．これはたしかに連続関数だが，その単純極限 f_∞ は a のところにギャップができて，連続性が破れる．この種の議論では

$$\begin{array}{ccc} f_\infty(x) & \cdots\cdots & f_\infty(a) \\ | & & | \\ f_n(x) & \text{———} & f_n(a) \end{array}$$

と，トオマワリをして

$|f_\infty(x) - f_\infty(a)| \leq$
$\quad |f_\infty(x) - f_n(x)| + |f_n(x) - f_n(a)| + |f_n(a) - f_\infty(a)|$

と評価するのが常套手段だが，ここで $x \to a$ と極限させるときに，n を固定すると第2項はいくらでも小さくできるし，$n \to \infty$ と極限するときも，x を固定すると第1項をいくらでも小さくできる．ところが，x と n と両方を同時に動かすとなると，第1項と第2項とを同時に小さくできるとはかぎらないのが，ヤッカイなところである．第2項を特定の n について小さくなるように x をえらんだとする．すると，この x について第1項を小さくするために，n をもっと大きくしなければならなくなる．すると，この n について第2項を小さくするために，x をもっと a に近くとらねばならなくなる．すると，その x について……とイタチゴッコで，いつまでたってもすまないことがありうるのである．

このために，たとえば連続関数間で極限概念を考えるのには，単純収束という方法は適切でない．それは考えてみれば当然で，連続関数というのはグラフで見ればヒトツナガリのはずなのに，その各 x ごとに独立な関数値をバラバラに切りはなして考えているのである．x の定義範囲 X をヒトツナガリと考えて連続性の概念が成立しているからには，x をバラバラに考えてはいけないわけだ．

ノルムと収束

そこで，関数値 $f(x)$ ではなしに，関数（ハタラキ）そのもの f を考えよう．近頃ではよく，入力 x を与えると出力 $f(x)$ の出てくる装置（ブラック・ボックス）で f を表わしたりする．ともかく，このハタラキ

$$f: x \longmapsto f(x)$$

そのものを，1つのモノとして考えるわけである．

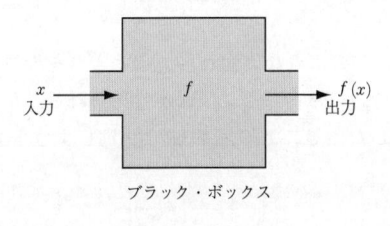

図 12.2

▶昔は函数と書いたのが，最近は関数と書くようになったが，ハコだから昔に帰れ，という説がある．それも函数がよいという．入力に口があるが，出力はどこかというと，それは又（マタ）の間さ，という人体ブラック・ボックスのオソマツ．

すると，素朴に，関数 f_n が関数 f_∞ に収束するというのは，

　　n をドンドン大きくすると，

　　　　f_n は f_∞ にドンドン近くなる

ということだ，と考えればよい．f_n が f_∞ に近い，とは何か．f_n と f_∞ とのヘダタリの量的標識として，その差 $f_n - f_\infty$ のオオキサが小さくなる，と考えればよい．そこで，関数 f について，その大きさを表わす量が考えられればよい．この種の量のことを，f のノルムという．数 x の絶対値 $|x|$ というのも，一種の x のノルムであり，絶対値の一般化にあたるものを考えるのである．この場合に，$|f|$ という記号を使うこともあるが，関数

$$|f| : x \longmapsto |f(x)|$$

とまぎらわしいので，区別するためには $\|f\|$ という記号を用いる．

ここで，どのような側面から f の大きさを秤量するかにしたがって，いろいろなノルムが考えられる．たとえば，x を固定したとき，x の関数値で秤量しようというのなら，

$$\|f\|_x = |f(x)|$$

でもよい．ただし，現在の数学者の習慣として，ノルムと

いうときに
$$\|f\| = 0 \quad \text{なら} \quad f = 0$$
を要請する方がふつうなので，$\|f\|_x$ のような場合には半ノルムといったりもする．単純収束というのは

各 x について $\lim_{n\to\infty} \|f_n - f_\infty\|_x = 0$

のことであり，この場合には，無限に多くのノルム $\|\cdot\|_x$ を用いねばならないことになる．

むしろ便利なのは，1つだけのノルムによる秤量の仕方である．それには，たとえば，この $|f(x)|$ の平均値で
$$\|f\|_1 = \int_X |f(x)| dx$$
をとることも考えられる．あるいは，ピタゴラス型に2乗平均で
$$\|f\|_2 = \left(\int_X |f(x)|^2 dx \right)^{\frac{1}{2}}$$
を考えるのもある．これらは，それぞれに有用な面を持つのだが，ここでは
$$\|f\|_\infty = \sup_{x \in X} |f(x)|$$
というのを考える．f が連続関数で X がコンパクト（たとえば有界閉区間）なら，最大値に到達できるから（最大値の定理），sup のかわりに max といってもよい．つまり，$|f|$ の最大幅で秤量しようというのである．これを一様ノルムという．

▶杉浦光夫センセイ曰く，最大速度を気にする $\|f\|_\infty$ は白バイの

オマワリの立場，走行距離を気にする$\|f\|_1$はタクシーのウンチャンの立場．

関数列の収束が，数列の収束と決定的に違うのは，どの側面に着目して秤量するかによって，それぞれの収束概念がえられることである．収束概念というのはアプリオリにあるのではなくて，秤量の方式を指定して決められるのである．収束のあり方のことを「位相」というが，このように，位相の構造が外的規定性との関連において自立していること，それが歴史的にいっても，位相の概念の自立を用意した．ところで，一様ノルムで収束概念を規定することは，連続関数間の関係を扱うのに適しており，微積分ではもっぱらこれが使われる．

これが一様収束であり，

$$\lim_{n\to\infty}\|f_n-f_\infty\|_\infty = 0$$

のことで，前の単純収束と区別するために

$$u\text{-}\lim_{n\to\infty}f_n = f_\infty$$

と書くことにする．ただし，混乱の危険のないところでは，メンドクサイから，$\|f\|_\infty$という記号のかわりに，単に$\|f\|$と書く．

単純収束と一様収束

この一様収束というのは，sup などというのを使っているので一見むずかしそうに思えるし，実際にf_nが式で書かれているときは評価しなければならないことになるが，

一般概念としては，個別に各 x について調べねばならない単純収束に比べて，1つのノルムだけで規定されるのだから，簡単であるとも言える．それにまた，たとえば f_n をグラフに書いて見たときは，f_n のグラフが f_∞ のグラフを極限に持つというのは，グラフをマルゴト眺めた絵が収束していくのだから，一様収束の方が直観的には自然であるとも言える．

それでも，このようにノルムを使えば簡単だが，これはハイカラな方式で，もっと古風な方式で使われることも多い．そして収束の一様性というのは，古来，難関のひとつにされてきた．いつでもハイカラな方式とはかぎらないので，古風な方式の方も見ておこう．それはまた，一様性の意味を再認識することにもなるだろう．この方式のときに，ε 式論法が真価を発揮するのだが，ε 式がどうしてもキライな人は，全部ノルムでハイカラ方式だけで押しとおすこともできる．

▶単純収束と一様収束の関係というのも，サッソーとノルムで言えば

$$\|f_n-f_\infty\|_x \leq \|f_n-f_\infty\|_\infty$$

につきる．

単純収束で，$x \in X$ について

$$\lim_{n\to\infty} f_n(x) = f_\infty(x)$$

というのを，ε 式で書くと，

　　任意の $\varepsilon>0$ にたいして，N が存在して
　　$n \geq N$ 　ならば　$|f_n(x)-f_\infty(x)| \leq \varepsilon$

が成立するようにできる，というのであった．ここで，$f_n(x)$ で $f_\infty(x)$ を近似するときの許容範囲を ε 以下にするために，n を N 以上にしなければならないわけだが，この N は ε に依存して決まるだけでなく，最初に与えた x にも依存してよい．この選び方は x に無関係にできるとはかぎらない．

たとえば，最初にあげた例の極限関数 f_∞ の場合だと，$f_\infty \pm \varepsilon$ の幅の中に，$f_n(x)$ の関数値すべてを同時に含ませることはできない．

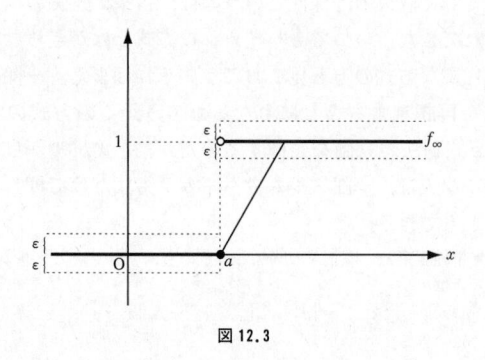

図 12.3

ところで，一様収束というのは，
　　任意の $\varepsilon > 0$ にたいして，N が存在して
　　　　$n \geq N$ 　ならば　$\|f_n - f_\infty\| \leq \varepsilon$
が成立させられることだった．ここで

$$\sup_{x \in X} |f_n(x) - f_\infty(x)| \leq \varepsilon$$

というのは，

任意の $x \in X$ について $|f_n(x) - f_\infty(x)| \leq \varepsilon$

ということと同値である．

この2つの条件は，一見よく似ている．記号化すると，

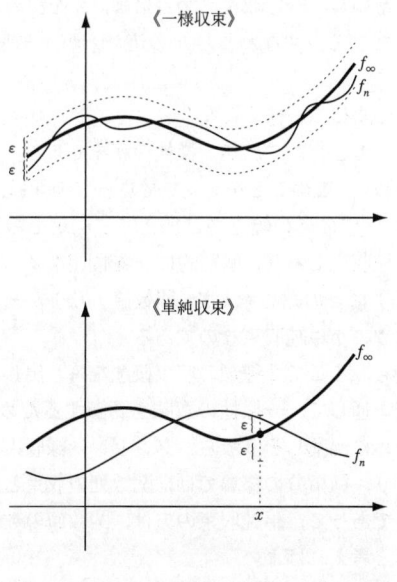

《一様収束》

《単純収束》

図 12.4

単純収束の方が

$\forall x \in X, \ \forall \varepsilon > 0, \ \exists N : n \geq N \to |f_n(x) - f_\infty(x)| \leq \varepsilon$

である（$\forall x$ と $\forall \varepsilon$ の順序は，独立に任意にとるのだから，どっちを先にしてもよい）のにたいし，一様収束の方は

$\forall \varepsilon > 0, \ \exists N, \ \forall x \in X : n \geq N \to |f_n(x) - f_\infty(x)| \leq \varepsilon$

になる．ここの問題は，$\forall x$ と $\exists N$ の順序関係にある．単純収束の場合は，x を決めてからでないと N が選べなかったのにたいし，一様収束の場合には，x を決める以前に N を選んでいる．すなわち，N の選び方が x に無関係に，すなわち

　　　x に関して一様に

選ぶことができた，これが一様性の意味である．

　念のために，このことをグラフで見ると（図 12.4），極限関数 f_∞ に一様に ε の幅をつけ加えて，f_n がその範囲に来るのが一様収束であり，個別的に x を固定するごとに，関数値 $f_\infty(x)$ に ε の幅を考えて，関数値 $f_n(x)$ がその範囲に来るというのが単純収束なのである．

　もっとも，ここで2種類の収束概念を持ち出したのは，その比較を通じて，一様性の意味を認識するためで，2種類あるために混乱しそうなら，ダンゼン一様収束だけでよい．つまり，微積分の議論では，関数列の収束とは一様収束のことであって，単純収束の方は，関数値の数列の収束である，と考えればよい．

収束の一様性と連続関数

さて，一様収束を用いれば，さきのイタチゴッコの悪循環を断ちきることができる．
$$|f_n(x) - f_\infty(x)| \leq \|f_n - f_\infty\|$$
だから，さきの評価式は

$|f_\infty(x) - f_\infty(a)|$
$\leq \|f_n - f_\infty\| + |f_n(x) - f_n(a)| + |f_n(a) - f_\infty(a)|$

となって，$u\text{-}\lim f_n = f_\infty$ のとき，$\|f_n - f_\infty\|$ を小さくし，その n について第2項が小さくなるように x をとればよいことになる．すなわち

　　連続関数 f_n の一様極限 f_∞ は連続関数

なのである．

ここで，イタチゴッコを切りぬけるのに x に関する一様性が効いたのだが，単純収束のままで，n についての一様性を効かしても，切りぬけられる．

関数 f の連続性とは
$$\lim_{x \to a} |f(x) - f(a)| = 0$$
のことだが，この極限が径数 n について一様かどうかを問題にしようというのである．関数列 (f_n) について
$$\lim_{x \to a} \{\sup_n |f_n(x) - f_n(a)|\} = 0$$
のとき，(f_n) は等連続であるという．これはいわば，n に関して一様に，連続関数であることを意味している．この場合も，

$$|f_\infty(x) - f_\infty(a)|$$
$$\leq |f_n(x) - f_\infty(x)| + \sup_n |f_n(x) - f_n(a)|$$
$$+ |f_n(a) - f_\infty(a)|$$

となるので，たとえば

　　等連続関数列 (f_n) の単純極限 f_∞ は連続関数

がいえることになる．

> ▶同等連続という訳語もある．「n に関して一様に連続」といってもよいはずだが，「一様連続」と混同しやすいので，あまり使わない．

この種の論法は，極限や連続性の議論で，形式的に書けば

$$\lim_{x \to a} \lim_{n \to \infty} f_n(x) = \lim_{n \to \infty} \lim_{x \to a} f_n(x) \quad ?$$

という「極限の順序交換」に一様性が効いてくる典型的なものである．ついでに，もう2つ次の問の証明もできるはずである．

[問1] $x \neq a$ で一様に連続関数 f_n が連続関数 f_∞ に収束するとき，
$$\lim f_n(a) = f_\infty(a)$$

[問2] 等連続関数列 (f_n) が連続関数 f_∞ に $x \neq a$ で単純収束するとき，
$$\lim f_n(a) = f_\infty(a)$$

> ▶ただし，a は孤立点でない．すなわち，$x \neq a$ の極限になっているとする．

2変数関数の連続性

今まで，一度に2変数関数 $f(x, n)$ を考えることの困難から，n を径数とした1変数関数 f_n のように考えてきたが，本質的には，2変数関数を考えるのと変わらない．そして，一方が離散変数である必要は全然ない．つまり，上の議論は，2変数関数の極限の順序交換

$$\lim_{x \to a} \lim_{y \to b} f(x, y) = \lim_{y \to b} \lim_{x \to a} f(x, y) \quad ?$$

という問題と同じことなのである．

$$
\begin{array}{cccccc}
(x, \infty) & \cdots\cdots & (a, \infty) & \quad & (x, b) & \cdots\cdots & (a, b) \\
| & & | & & | & & | \\
(x, n) & \text{———} & (a, n) & \quad & (x, y) & \text{———} & (a, y)
\end{array}
$$

ところで，2変数関数の連続性というのは

$$\lim_{\substack{x \to a \\ y \to b}} f(x, y) = f(a, b)$$

のことであって，

$$\text{各 } y \text{ ごとの } \lim_{x \to a} f(x, y) = f(a, y)$$

$$\text{各 } x \text{ ごとの } \lim_{y \to b} f(x, y) = f(x, b)$$

すなわち偏連続性とは区別される．ここで，偏連続性というのは

$$\text{s-}\lim_{x \to a} f_x = f_a, \quad \text{s-}\lim_{y \to b} f_y = f_b$$

ということになる．

▶ separately continuous, 直訳すれば分離連続.

これにたいして，連続性の方は，ほぼ，一様収束の問題になる．「ほぼ」と書いたのは，連続性というのは本来局所的な性質なので，$y \in Y$について一様とか，$x \in X$について一様とかをいうには，XやYについての条件が必要だからである．

連続性をε-δ式にいうと

　　　任意の$\varepsilon > 0$にたいし，$\delta, \delta' > 0$が存在して
$$|x-a| \leq \delta, \ |y-b| \leq \delta' \ \text{なら}$$
$$|f(x, y) - f(a, b)| \leq \varepsilon$$

の成立するようにできることである．ここで，たとえばyの範囲は$|y-b| \leq \delta'$という局所領域に限定されている．そこで

$$u\text{-}\lim_{x \to a} f_x = f_a$$

ならば，さきの論法によって，偏連続性から連続性が導かれることになる．

▶証明をたしかめてみよ．たとえば森毅『積分論入門』（東京図書）第1章，§5参照．

逆に，fが連続ならば，f_aの連続性から，同じく，適当な領域$|y-b| \leq \delta'$では

$$\|f_x - f_a\| \leq \varepsilon$$

が成立することになる．これは局所領域$|y-b| \leq \delta'$についてであるが，Yがこのような局所領域の有限個でツナゲルという性質（コンパクト性）があれば，Y全体としてもよ

いわけである．たとえば，Y が有界閉区間ならよい．そのときは，

$$u\text{-}\lim_{x \to a} f_x = f_a$$

となる．

　このことは，2変数関数の連続性というのが，(x, y) をマルゴトに考えるために，x と y を個別的に考えた偏連続性とちがって，収束の一様性に近い性質が含まれてくることを意味する．標語的にいうなら

　　　2変数関数の連続性とは，「局所的」な一様偏連続性である

とでも言えるかもしれない．2変数関数のグラフを考えるときでも，偏連続性というのは不自然なもので，自然な概念は連続性であった．

　▶ここの「局所的」というのはゲンミツな術語的意味ではない．

　このように，極限の順序交換の問題は収束の一様性と深くかかわる．ふつう

　　　一般には，極限操作の順序交換をすることはできない

ということが強調されるが，一方で，

　　　順序交換の可能な場合の方が自然である

というのも事実で，その「自然さ」は，この収束の一様性の問題，すなわち

　　　一様収束の方が，単純収束より「自然な」収束概念である

ということに関係しているのである．

▶今回の内容を，もっと抽象的かつ一般的に論じたのが，ブルバキ『数学原論／位相5』(東京図書)である．

13. 微積分と連続関数

連続関数の積分

微積分を論理的にかっちりやる方式を，1年のときからやっていたなら，そこで一番メンドクサイ定理は，

> コンパクト直方体の上で連続関数はリーマン積分可能である

というのだろう．それはそのはずで，19世紀の最大の数学者リーマンですら，これを証明したわけではない．もっとも，それは一様連続性の概念がなかったからで，ハイネが一様連続性の概念を導入するとすぐに，ダルブーがこれを証明した．

積分のきっちりした定義から始めねばならないわけだが，次元はいくつでも同じことながら，記号がゴチャゴチャするのがイヤだから，1次元でやる．まず，コンパクト区間 $[a, b]$ で区分的に定値な関数，すなわち $[a, b]$ の分割

$$\varDelta : a = x_0 < x_1 < \cdots < x_n = b$$

があって，

$$g(x) = c_i \qquad (x_i < x < x_{i+1})$$

となるものを考えよう．これについては，積分といっても有限和

$$\int_{[a,b]} g(x)\,dx = \sum_{i=0}^{n-1} c_i(x_{i+1}-x_i)$$

を考えさえすればよい．

一般の f の場合については，

$$c_i = f(\xi_i), \quad x_i \leq \xi_i \leq x_{i+1}$$

を定めておいて

$$f_\varDelta(x) = f(\xi_i) \quad (x_i < x < x_{i+1})$$

という，区分的に定値な近似関数 $f_\varDelta$ をとると，

$$\int_{[a,b]} f_\varDelta(x)\,dx = \sum_{i=0}^{n-1} f(\xi_i)(x_{i+1}-x_i)$$

がえられる．これが，いわゆるリーマン和で，ここで $\varDelta$ を細かくしたときの極限

$$\int_{[a,b]} f(x)\,dx = \lim \int_{[a,b]} f_\varDelta(x)\,dx$$

が存在するときが，リーマン積分である．

この場合，実数の完備性（コーシーの条件）から

$$\lim_{\varDelta,\varDelta'} \left| \int_{[a,b]} f_\varDelta(x)\,dx - \int_{[a,b]} f_{\varDelta'}(x)\,dx \right| = 0$$

ならば，極限は存在するので，

$$u\text{-}\lim_{n\to\infty} f_n = f_\infty$$

のとき，f_n が積分可能ならば，「遠マワリの原理」で，f_∞ も積分可能となる．

$$\int_{[a,b]} f_{\infty,\Delta}\, dx \quad \cdots\cdots \quad \int_{[a,b]} f_{\infty,\Delta'}\, dx$$
$$\Big| \qquad\qquad\qquad \Big|$$
$$\int_{[a,b]} f_{n,\Delta}\, dx \quad \relbar\relbar \quad \int_{[a,b]} f_{n,\Delta'}\, dx$$

▶実数値関数の場合には,完備性でなくて順序完備性を使って,上積分と下積分から近似する方法もあるが,これらは2種類の実数論(カントル流とデデキント流)に対応するもので,同値である.

そこで,連続関数 f の積分可能性の証明の要点は

$$u\text{-}\lim_{\Delta} f_{\Delta} = f$$

というところになる.

ところで,

コンパクトの上で連続関数は一様連続である

という,ハイネの定理がある.f が x で連続というのは

$$\forall \varepsilon > 0, \exists \delta > 0 : |x-y| \leq \delta \to |f(x)-f(y)| \leq \varepsilon$$

というわけだが,この δ は ε に依存するばかりでなく,x にも依存する.つまり,x で連続というのは,x の近傍に限定された局所的性質にすぎない.一様連続というのは,この δ の ε にたいする依存関係が,x に無関係なこと,すなわち「x に関して一様」であることをいう.ところが,コンパクトというのは,例の「カサ屋はもうからぬ定理」で,局所的性質を有限的につなげる,ということだったから,ハイネの定理がいえるのである.

すると,分割 Δ を

$$|x_{i+1}-x_i| \leq \delta$$

にとっておくと,

$$\|f-f_\varDelta\| \leq \varepsilon$$

がいえることになる．これで，ダルブーの定理が成立する．

積分は連続，微分は閉グラフ

コンパクト直方体上の連続関数の範囲では，積分を自由にしてよいわけだが，そこで

$$\|f\|_1 = \int_X |f(x)|\,dx \leq \|f\|_\infty \int_X dx$$

となり，

$$I : f \longmapsto \int_X f(x)\,dx$$

は，一様収束の意味で

$$\lim_{f \to g} I(f) = I(g)$$

となるので,

$$\text{関数} \longmapsto \text{数}$$

の写像（汎関数ということもある）として，連続になる，といえる．

不定積分の形で

$$I_x : f \longmapsto \int_a^x f(x)\,dx$$

としても，これは

$$\text{関数} \longmapsto \text{関数}$$

の写像（作用素）として，連続といえる．

ところが微分を考えるときには，f と g とが一様に近くても，傾きの方が近いという保証は全然ないので

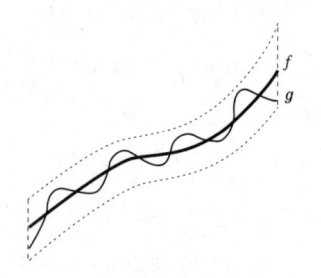

図 13.1

$$u\text{-}\lim_{n\to\infty} f_n = f_\infty$$

で，f_n が微分可能であっても，f_∞ が微分可能になる保証は全然ない．これが，微分と積分の，作用素としての性格の大きな違いである．

そこで，微分作用素の性質をしらべたいときは，微積分の基本定理を使って，積分の方から考えていくのである．すなわち，積分の定義から，連続関数 g にたいして

$$\frac{d}{dx}\int_a^x g(x)\,dx = g(x)$$

となり，また逆に，原始関数の定数を除いての一意性から

$$f'(x) = g(x) \quad \text{なら} \quad \int_a^b g(x)\,dx = f(b) - f(a)$$

になる．そこで

であれば
$$u\text{-}\lim_{n\to\infty} f_n' = g$$

$$f_\infty(x) - f_\infty(a) = \lim_{n\to\infty}(f_n(x) - f_n(a))$$
$$= \lim_{n\to\infty}\int_a^x f_n'(x)\,dx = \int_a^x g(x)\,dx$$

となり，したがって
$$f_\infty'(x) = \frac{d}{dx}\left(\int_a^x g(x)\,dx\right) = g(x)$$

となる．すなわち，このときは

$$u\text{-}\lim_{n\to\infty} f_n = f_\infty,\quad u\text{-}\lim_{n\to\infty} f_n' = g \quad \text{ならば}\quad f_\infty' = g$$

という形をしているのである．

▶ $s\text{-}\lim f_n = f_\infty$ でもよい．

これは，微分作用素
$$D: f \longmapsto f'$$
について，グラフ
$$G = \{(f, Df)\}$$
が閉じている，ということにあたっている．そこで，微分作用素は閉グラフ写像である，といったりもする．

これらは，$n\to\infty$ でなくて，$y\to c$ のようなときでも，同じことである．たとえば，2変数関数の形式にすると

$f(x,y)$ が連続ならば
$$\lim_{y\to c}\int_a^b f(x,y)\,dx = \int_a^b \lim_{y\to c} f(x,y)\,dx,$$
$f'_x(x,y)$ が連続ならば

$$\lim_{y \to c} \frac{\partial}{\partial x} f(x, y) = \frac{d}{dx} \lim_{y \to c} f(x, y)$$

といったように

　　極限と積分の順序交換,

　　極限と微分の順序交換

が成立する.

重積分と累次積分

今度は, 積分と積分の順序交換の問題を考える. それは, 重積分を単積分のくり返しに直すこと, すなわち

$$\iint_{\substack{a \leq x \leq b \\ c \leq y \leq d}} f(x, y) \, dx \, dy = \int_a^b dx \int_c^d f(x, y) \, dy$$

$$= \int_c^d dy \int_a^b f(x, y) \, dx$$

の系になる.

▶ $\int_a^b \left(\int_c^d f(x, y) \, dy \right) dx$ のかわりに $\int_a^b dx \int_c^d f(x, y) \, dy$ または $\int_a^b dx \int_c^d dy \, f(x, y)$ と書く.

これが成立することを見るのに, とくに

$$f(x, y) = g(x) h(y)$$

の形をした関数 ($f = g \otimes h$ と書く) については

$$\iint f(x, y) \, dx \, dy = \int_a^b g(x) \, dx \int_c^d h(y) \, dy$$

となり, この種の有限和 $\sum g_i \otimes h_i$ で, 一般の連続関数は近似できる, というのが証明の道筋である. 直接的には,

$$\varDelta \; : \; a = x_0 < x_1 < \cdots < x_n = b,$$
$$\varDelta' \; : \; c = y_0 < y_1 < \cdots < y_m = d$$

として,
$$f_{(\varDelta, \varDelta')}(x, y) = f(\xi_i, \eta_j)$$
$$(x_i < x < x_{i+1}, \; y_j < y < y_{j+1})$$

のように区分的に定値な関数を作るのだが,
$$g_j(x) = f(\xi_i, \eta_j) \quad (x_i < x < x_{i+1})$$
$$h_j(y) = \begin{cases} 1 & (y_j < y < y_{j+1}) \\ 0 & (その他) \end{cases}$$

とすると
$$f_{(\varDelta, \varDelta')} = \sum_{j=1}^{m-1} g_j \otimes h_j$$

となっている. ここで, この積分 (有限和) は
$$\iint f_{(\varDelta, \varDelta')} \, dx \, dy = \int_c^d dy \int_a^b f_{(\varDelta, \varDelta')} \, dx$$

を意味している. したがって, その極限についても
$$\iint f \, dx \, dy = \int_c^d dy \int_a^b f \, dx$$

となる.

積分範囲が直方体でない場合は, もう少しべつの議論がつけ加わることになるが, これだけでも, 積分の順序交換の関係として

f が連続のとき
$$\int_a^b dx \int_c^d dy \, f(x, y) = \int_c^d dy \int_a^b dx \, f(x, y)$$

という関係がなりたつ. 微分については, 前と同じで

$$\int_c^y dy \int_a^b f'_y(x,y)\,dx = \int_a^b dx \int_c^y f'_y(x,y)\,dy$$
$$= \int_a^b f(x,y)\,dx - \int_a^b f(x,c)\,dx$$

から

f'_y が連続のとき
$$\frac{d}{dy}\int_a^b dx\, f(x,y) = \int_a^b dx\, \frac{\partial}{\partial y}f(x,y)$$

といった形で

積分と積分の順序交換,

積分と微分の順序交換

がなりたつ.

なお, 微積分の基本定理の一般化として

$a'(y)$, $b'(y)$ の連続のとき
$$\frac{d}{dy}\int_{a(y)}^{b(y)} f(x)\,dx = f(b(y))\,b'(y) - f(a(y))\,a'(y)$$

がすぐわかる. もっと一般の場合は, これらの複合で
$$\frac{d}{dy}\int_{a(y)}^{b(y)} f(x,y)\,dx$$
$$= \int_{a(y)}^{b(y)} \frac{\partial}{\partial y}f(x,y)\,dx$$
$$\quad + f(b(y),y)\,b'(y) - f(a(y),y)\,a'(y)$$

になる.

この形は, 象徴的に
$$\langle f, I \rangle = \int_I f(x)\,dx$$

と書くことにすると

$$\frac{d}{dy}\langle f(y), I(y)\rangle$$
$$= \left\langle \frac{d}{dy}f(y),\ I(y) \right\rangle + \left\langle f(y), \frac{d}{dy}I(y) \right\rangle$$

といった形式の公式になっている．

コンパクトでない場合

ついでに，コンパクトでない場合，たとえば $a \leq x < b$ ($\leq +\infty$) で連続な関数の積分

$$\int_a^b f(x)\,dx = \lim_{x \to b} \int_a^x f(x)\,dx$$

についての順序交換も論じておこう．この場合は，コンパクトな部分での積分をドンドンつぎたしていくだけのことで，「ドンドンつぎたす」ことの原型は無限級数につく．それなら，今までの極限の議論に含まれる．

ここでも一様収束を考えることにして，x に関して一様に総和可能な級数

$$u\text{-}\sum_{n=0}^{\infty} f_n = u\text{-}\lim_n \sum_{n=0}^{n} f_n$$

を考える．

$$f = u\text{-}\sum_{n=0}^{\infty} f_n$$

として

$$\lim_{x \to a} f(x) = \sum_{n=0}^{\infty} \lim_{x \to a} f_n(x),$$
$$\int_a^b f(x)\,dx = \sum_{n=0}^{\infty} \int_a^b f_n(x)\,dx,$$

さらに
$$g = u - \sum_{n=0}^{\infty} f_n' \quad \text{なら} \quad \frac{d}{dx}f = \sum_{n=0}^{\infty} \frac{d}{dx}f_n$$
というのが

　　　極限と無限和の順序交換,

　　　積分と無限和の順序交換,

　　　微分と無限和の順序交換

である．

コンパクトでない区間 $c \leq y < d$ での積分については
$$\lim_{y \to d} \int_c^y f(x,y)\,dy = \int_c^d f(x,y)\,dy$$
の,「x についての一様性」を考えればよい．このとき, $f(x,y)$ は $c \leq y < d$ で x に関して一様に y で積分可能という．このとき
$$\lim_{x \to a} \int_c^d f(x,y)\,dy = \int_c^d \lim_{x \to a} f(x,y)\,dy,$$
$$\int_a^b dx \int_c^d f(x,y)\,dy = \int_c^d dy \int_a^b f(x,y)\,dx$$
がいえる．さらに, f'_x も x に関して一様に y で積分可能なら
$$\frac{d}{dx}\int_c^d f(x,y)\,dy = \int_c^d \frac{\partial}{\partial x}f(x,y)\,dy$$
がいえる．

一番イヤなのは，無限和やコンパクトでない積分の間の順序交換である．たとえば，f が $a \leq x < b$, $c \leq y < d$ で連続とすると,

$$\int_a^x dx \int_c^y f(x,y)\,dy = \int_c^y dy \int_a^x f(x,y)\,dx$$

となる．ここで f が $c \leq y < d$ で x に関して一様に y で積分可能なら

$$\int_a^x dx \int_c^d f(x,y)\,dy = \int_c^d dy \int_a^x f(x,y)\,dx$$

となる．この右辺の y に関する積分可能性が，さらに x に関して一様なら，もう一度極限をとって

$$\int_a^b dx \int_c^d f(x,y)\,dy = \int_c^d dy \int_a^b f(x,y)\,dx$$

となる．

このほかに

微分と微分の順序交換

もあって

f''_{xy} と f''_{yx} が連続なら

$$\frac{\partial}{\partial x}\frac{\partial}{\partial y} f(x,y) = \frac{\partial}{\partial y}\frac{\partial}{\partial x} f(x,y)$$

になる．これはもっと，いろいろと条件をゆるめることができるが，もう順序交換にウンザリしたころだろうから，ヤメにする．じつは，いろいろと書いたが，正直のところは，たいてい，チョイト目をつぶってエイヤと順序交換をすることが多いのである．たいていはそれでも間違わない．自然はたいてい「一様性」を保証しているらしい．ところが大例外があって，ポテンシャルの計算のときに，それをやるとヒドイ目にあう．ポテンシャルというのは「物質」というようなものだから，これは数学が物質に基礎を

おくかぎり困ったことだ．もっと単純に，「一様性」などといわずにパッと判る方法はないか，と言われれば，数学はまだあまり進歩していませんので，とあやまるよりない．じつは，もっとインチキくさい方法は，おかまいなしに順序交換をして，おかしな結果が出てきたら，それから心配することにしてもよい．

▶密度 w の物質のニュートン場で
$$\iiint \frac{wdV}{r} = \varphi$$
の場合に，$\varDelta\varphi$ の計算で，$\varDelta$ と積分はふつうの意味では順序交換できない．

しかし，ここで，あえて順序交換の議論をしたのは，それなりの意味がある．すでに判るように，微積分というのは，関数（2変数関数）の連続性を基礎になりたっている．そして2変数関数の連続性とは，本質的に一様性を含んでいる．そしてまた，ε-δ 式をやることの真骨頂は，この依存関係の一様性の議論をする必要性と深く結びついている．それはなにも，ケッペキな数学者倫理のためにあるのではなく，ポテンシャルで実際に意味を持つのである．そこで，さしあたり，表題のように

　　　微積分における連続関数の意味

の宣伝のために，あえて長談議をした次第である．

14. 面積と体積

集合の上での積分

2次元を例にして話を進める．

2次元空間（平面）の集合 A にたいして

$$\varphi_A(x, y) = \begin{cases} 1 & ((x, y) \in A) \\ 0 & ((x, y) \notin A) \end{cases}$$

という関数を A の示性関数といい，

▶ characteristic function（特性関数）という用語が普通だが，確率過程論でフーリエ変換にたいする用語と混乱するので，近時は indicator function（示性関数）の方も用いられる．

$$m_2(A) = \iint \varphi_A(x, y) \, dx \, dy$$

の存在するとき，集合 A がリーマン積分可能であるといい，$m_2(A)$ を A の面積（3次元ならば体積）という．以下，A は積分可能なコンパクト集合として議論する．コンパクトでない場合については，コンパクト集合で近似して，ツナイデいくのである．

このことは直方体（今の場合は，2次元だから長方形）の有限和に分割できるような集合，B と C で

$$B \subset A \subset C$$

とハサミウチをして，$m_2(B)$ と $m_2(C)$ とで（長方形の有限和だから面積は考えられる），上下から近似して，極限をもつ，ということにあたっている．小学校以来，方眼の上に図形を書いて，メを数えて面積を出したのと同じ原理である．

さて，連続関数 f について

$$\iint_A f(x,y)\,dxdy = \iint f(x,y)\,\varphi_A(x,y)\,dxdy$$

のことを，f の A における $dxdy$ による積分という．

▶じつは，たとえば，A がコンパクトのときは，f が A 上だけで定義されていて，A で連続のときでも，全体で定義された連続関数の A での制限と考えてよい（ウリソンの延長定理）．

φ_A というのは，A の部分はソノママにして，A 以外はケス，というはたらきをしているので，ちょうど A の部分だけで積分していることになるのである．ここで，f の連続性によって，積分を考えるさいの関数値のフレ（グラフでいえば上下のフレ）はあまりひどくないし，A の積分可能性から，積分範囲の境界を出し入れするさいの面積のフレ（グラフでいえば縦横のフレ）もあまりひどくならない．2変数関数になって1変数関数と相違する点のひとつは，積分範囲を直方体にかぎらないので，この縦横のフレを考慮しなければならないので，少しだけ議論がヤヤコシクなるわけである．もっとも1変数でも，一般の集合での積分もあるのだが，1変数だとたいていは区間で間にあっていたのに，2変数になると円板のような簡単な領域ですらこ

の種の注意が必要になる.

縦横のフレの部分の近似ができるので，たとえば，2重積分を累次積分に変えることは，この場合でもできる．それでとくに，2次元で
$$f(x) \geq 0 \quad (a \leq x \leq b)$$
について
$$A = \{0 \leq y \leq f(x),\ a \leq x \leq b\}$$
とすると
$$m_2(A) = \int_a^b dx \int_0^{f(x)} dy = \int_a^b f(x)\,dx$$
となる．同様に，3次元では
$$f(x, y) \geq 0 \quad ((x, y) \in D)$$
について
$$A = \{0 \leq z \leq f(x, y),\ (x, y) \in D\}$$
とすると，体積として
$$m_3(A) = \iint_D dxdy \int_0^{f(x,y)} dz = \iint_D f(x, y)\,dxdy$$
となる．

▶ $\{x \mid P(x)\}$ または $\{x\,;P(x)\}$ が普通だが，メンドーなときは $\{P(x)\}$ も使う．

単積分は面積，2重積分は体積，という考えには，このようにそれぞれに一度ずつ積分が済んでいるのである．

面積と変数変換

このように定義した面積や体積が，ユークリッド変換（運動）で不変な量であることは，すぐたしかめられるが，

ここではもっと一般に，変数変換で面積や体積がどう変わるかをしらべて，変数変換公式を考えよう．

変換
$$x = x(u, v), \quad y = y(u, v)$$
によって
$$(x, y) \in D \longleftrightarrow (u, v) \in D'$$
が，1対1に対応するものとし，関数 x, y は導関数が連続であるとする．このとき，D が積分可能なコンパクト集合なら D' も積分可能なコンパクト集合であることは，証明できるけれども，メンドーだから両方とも仮定しておこう．

▶積分可能のために面積の評価をしなければならない．

この場合の考えのスジは

　　　微分して1次化し，積分してツナグ

という，あいかわらずの「微積分の原理」である．まず，1次の場合
$$x = \alpha u + \gamma v$$
$$y = \beta u + \delta v$$
については，面積比は
$$\begin{vmatrix} \alpha & \gamma \\ \beta & \delta \end{vmatrix} = \alpha\delta - \beta\gamma$$
となる（図14.1）．そこで，一般の
$$x = x(u, v)$$
$$y = y(u, v)$$
については，微分して

図 14.1

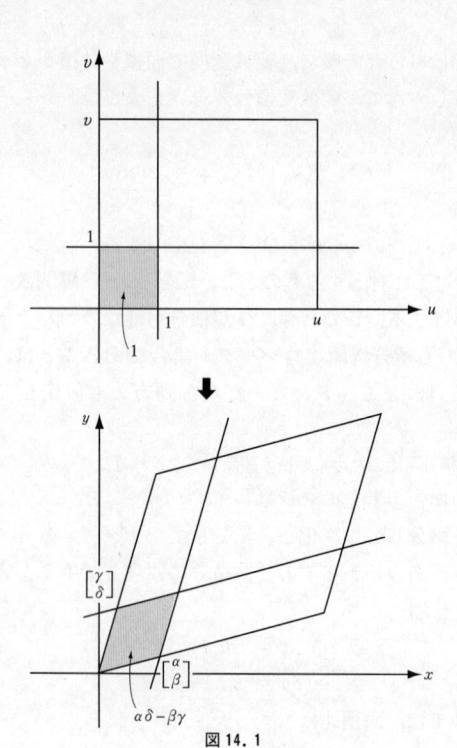

$$dx = \frac{\partial x}{\partial u}\,du + \frac{\partial x}{\partial v}\,dv$$

$$dy = \frac{\partial y}{\partial u}\,du + \frac{\partial y}{\partial v}\,dv$$

より,「無限小面積比」

$$\frac{\partial(x,y)}{\partial(u,v)} = \begin{vmatrix} \dfrac{\partial x}{\partial u} & \dfrac{\partial x}{\partial v} \\ \dfrac{\partial y}{\partial u} & \dfrac{\partial y}{\partial v} \end{vmatrix}$$

を考えて,

$$dxdy = \frac{\partial(x,y)}{\partial(u,v)} dudv$$

で変数変換すればよい,というにつきる.

しかしながら,この部分をキッチリ証明するのは,いくらかウルサイことになる.直接に定義による評価をする方法,積分の特徴づけを用いる方法,次元をオトス方法,線積分に直す方法,などがあるが,どれもそれほどラクではない.ここでは,次元をオトシテいく方法を解説しておこう.その理由は,関数関係についての注意を喚起し,1次の場合との関係を見るのに役立つ,と考えるからである.

この場合,

$$dy = y'(x)\,dx$$

という,1変数のときの変数変換に帰着させるため,

$$(u,v) \longmapsto (x,v) \longmapsto (x,y)$$

としていくのである.

1次の場合についていえば,最初の部分は

$$x = au + \gamma v$$
$$v = v$$

そのままであるが,後半については1次方程式をとかねばならない.それは,クラメルで,すぐに行列式に持ちこめ

るのだが，その経過を知るために代入法でやると

$$u = \frac{1}{\alpha}x - \frac{\gamma}{\alpha}v$$

$$\therefore \quad y = \beta\left(\frac{1}{\alpha}x - \frac{\gamma}{\alpha}v\right) + \delta v = \frac{\beta}{\alpha}x + \frac{\alpha\delta - \beta\gamma}{\alpha}v$$

となる．

▶行列で書けば
$$\begin{bmatrix} 1 & 0 \\ \frac{\beta}{\alpha} & \frac{\alpha\delta - \beta\gamma}{\alpha} \end{bmatrix} \begin{bmatrix} \alpha & \gamma \\ 0 & 1 \end{bmatrix} = \begin{bmatrix} \alpha & \gamma \\ \beta & \delta \end{bmatrix}$$

一般の場合も，これをやればよいので，$x(u,v)$ を u についてといて（x を固定！）

$$u = U(x,v),$$
$$y = y(U(x,v),v) \quad (\equiv Y(x,v) \text{ とおこう})$$

とすると，

$$\frac{\partial U}{\partial v} = -\frac{\dfrac{\partial x}{\partial v}}{\dfrac{\partial x}{\partial u}}, \quad \frac{\partial Y}{\partial v} = \frac{\partial y}{\partial u}\frac{\partial U}{\partial v} + \frac{\partial y}{\partial v} = \frac{\dfrac{\partial(x,y)}{\partial(u,v)}}{\dfrac{\partial x}{\partial u}}$$

となる．これは，クラメルの結果と同じだが，偏微分の過程で何がとめられているかに注意せねばならないところがヤヤコシイ．

▶この場合 $\dfrac{\partial x}{\partial u} \neq 0$ が必要なのだが，4つの偏微分のうちドレカは 0 ではないからそれを使えばよい．全体で $\neq 0$ にはできないかもしれないが，局所的に変数変換したのを有限個（コンパクト！）つなげばよい．

結局

$$dx = \frac{\partial x}{\partial u} du \quad (v：固定),$$

$$dy = \frac{\dfrac{\partial (x, y)}{\partial (u, v)}}{\dfrac{\partial x}{\partial u}} dv \quad (x：固定)$$

の結合で

$$\int dx \int dy = \int dx \int \frac{\dfrac{\partial (x, y)}{\partial (u, v)}}{\dfrac{\partial x}{\partial u}} dv = \int dv \int \frac{\dfrac{\partial (x, y)}{\partial (u, v)}}{\dfrac{\partial x}{\partial u}} dx$$

$$= \int dv \int \frac{\partial (x, y)}{\partial (u, v)} du$$

となるわけである．

▶はっきりさせるために，$\dfrac{\partial Y}{\partial v}$ の計算をしたが，関数行列式の積の法則から，計算を実行しなくても結果は判る．

このことから，変換

$$f: x \longmapsto y$$

にたいする「無限小体積（面積）比」として

$$\det f'(x) = \lim_{I \to x} \frac{m(f(I))}{m(I)}$$

の意味を確認することができる．

▶ $f'(x) = \left(\dfrac{\partial y_i}{\partial x_j}\right)_{i,j}$

面積の符号と重複度

2変数関数の積分では，変数変換の場合に，もうひとつ注意しなければならないことがある．1変数の場合

$$\int_{f(a)}^{f(b)} F(y)\,dy = \int_a^b F(f(x))f'(x)\,dx$$

とするさいに,「a から b まで」というときに,自然に方向がはいってきているが,それは $b-a$ といった計算で自然に処理されてしまう.それと同じことを,2変数関数でやるときは,領域に方向を考えて,面積に符号を考えねばならぬことになる.

たとえば
$$x = u+v, \quad dx = du+dv,$$
$$y = uv, \quad dy = vdu+udv,$$
$$dx\,dy = (u-v)\,du\,dv$$

のようなとき

$$\iint_{\substack{2 \leq x \leq 3 \\ 0 \leq y \leq 1}} f(x,y)\,dx\,dy$$
$$= \iint_{\substack{2 \leq u+v \leq 3 \\ 0 \leq uv \leq 1}} f(u+v, uv)(u-v)\,du\,dv$$

としてはならない.

この変換は,元来
$$\lambda^2 - x\lambda + y = 0$$
の2根であるから,
$$4y \leq x^2$$
の範囲にかぎられ,しかも変換は
$$u = v$$
に関して対称になる.すなわち,$u=v$ を軸として u-v 平面をオリタタミ,それをエイヤアとネジマゲて $x^2 = 4y$ のところへ持ってきたのがこの変換である(図14.2).この

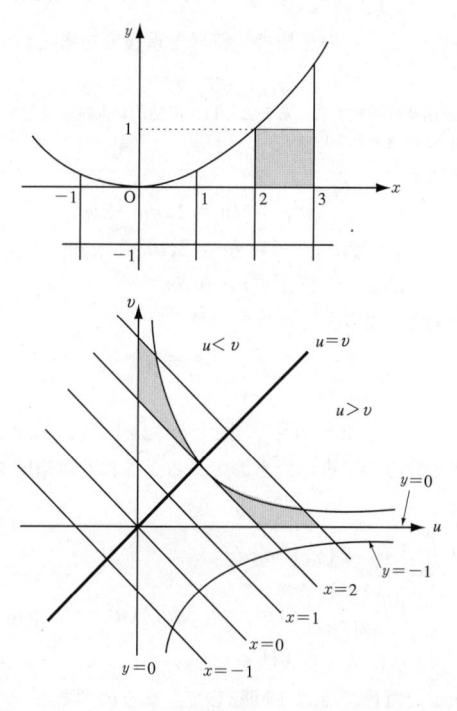

図 14.2

場合，ウラガエシの面積は符号が入れかわり

$$\iint_{\substack{2 \leq u+v \leq 3 \\ 0 \leq u \leq v \leq 1}} f(u+v, uv)(u-v)\,du\,dv$$

$$= \iint_{\substack{2 \leq u+v \leq 3 \\ 0 \leq v \leq u \leq 1}} f(u+v, uv)(v-u)\,du\,dv$$

となっている．この意味で，符号と重複度を考えねばならない．

▶面積を行列式で考えることには，必然的に面積の符号を考えることが含まれている．

もうひとつ
$$x = u^2 - v^2, \quad dx = 2u\,du - 2v\,dv,$$
$$y = 2uv, \quad dy = 2v\,du + 2u\,dv,$$
$$dx\,dy = 4(u^2+v^2)\,du\,dv$$

の場合を考えよう．これはじつは
$$z = x+iy, \quad w = u+iv$$

の場合
$$z = w^2, \quad |z'|^2 = |2w|^2$$

を，実変数の形で書いたものである．これも重複度をしらべないと

$$\iint_{1 \leq x^2+y^2 \leq 4} f(x,y)\,dx\,dy$$
$$= \iint_{1 \leq u^2+v^2 \leq 2} f(u^2-v^2, 2uv)4(u^2+v^2)\,du\,dv$$

などと，2重に数える失敗をしたりする．もちろん，w が半回転しただけで z は1回転してしまうのである．

ここで，$dx\,dy$ と書いたのは，2次元ベクトル $f\,dx+g\,dy$ の外積計算をしているので，
$$dx\,dy = -dy\,dx, \quad dx\,dx = 0$$

のように，交代積の計算法則で考えねばならないのであ

る．その意味で，最近では $dxdy$ と書かずに $dx \wedge dy$ と書いてある本もある．

極座標の場合

とくに，2次元の極座標だと
$$x = \rho\cos\varphi, \quad dx = \cos\varphi\, d\rho - \rho\sin\varphi\, d\varphi,$$
$$y = \rho\sin\varphi, \quad dy = \sin\varphi\, d\rho + \rho\cos\varphi\, d\varphi,$$
$$dxdy = \rho\, d\rho d\varphi,$$
さらに3次元だと，
$$dxdydz = \rho\, d\rho d\varphi dz = r^2\sin\theta\, drd\theta d\varphi$$
となる．

これを用いると，極座標で
$$A = \{0 \leq \rho \leq f(\varphi),\ \alpha \leq \varphi \leq \beta\}$$
については，面積は
$$m_2(A) = \int_\alpha^\beta d\varphi \int_0^{f(\varphi)} \rho d\rho = \frac{1}{2}\int_\alpha^\beta (f(\varphi))^2 d\varphi$$
となり，とくに円板の面積は
$$\frac{a^2}{2}\int_0^{2\pi} d\varphi = \pi a^2$$
となる．また，3次元で
$$A = \{0 \leq r \leq f(\theta, \varphi),\ (\theta, \varphi) \in D\}$$
について，体積は
$$m_3(A) = \iint_D \sin\theta\, d\theta d\varphi \int_0^{f(\theta,\varphi)} r^2 dr$$
$$= \frac{1}{3}\iint_D (f(\theta, \varphi))^3 \sin\theta\, d\theta d\varphi$$

となり，とくに球の体積は

$$\frac{a^3}{3}\int_0^\pi \sin\theta\,d\theta \int_0^{2\pi} d\varphi = \frac{4}{3}\pi a^3$$

となる．特殊な場合として，回転体

$$A = \{0 \leq \rho \leq f(z),\ a \leq z \leq b\}$$

については，

$$m_3(A) = \int_a^b dz \int_0^{2\pi} d\varphi \int_0^{f(z)} \rho d\rho = \pi \int_a^b (f(z))^2 dz$$

となる．このように，面積や体積の計算をするさいには，その図形にふさわしい座標を用いるべきであって，そのような座標に変数変換をするとよい．

よくある例で

$$A = \{0 \leq z \leq 1-(x+y),\ x^2+y^2 \leq 1\}$$

の体積などというのは

$$\begin{aligned}
m_3(A) &= \iint_{\substack{x+y\leq 1 \\ x,y\geq 0}} (1-(x+y))\,dx\,dy \\
&\quad + \iint_{\substack{0\leq\rho\leq 1 \\ \pi/2\leq\varphi\leq 2\pi}} (1-\rho(\cos\varphi+\sin\varphi))\rho\,d\rho\,d\varphi \\
&= \frac{1}{6} + \frac{1}{2}\int_{\pi/2}^{2\pi} d\varphi - \frac{1}{3}\int_{\pi/2}^{2\pi}(\cos\varphi+\sin\varphi)\,d\varphi \\
&= \frac{5}{6} + \frac{3}{4}\pi
\end{aligned}$$

というように計算する．

▶この最初の積分は積分しなくても，3角錐だから体積はわかる．
また，

$$\int_0^{\pi/2} \sin\varphi\,d\varphi = 1$$

から，たとえば

$$\int_{\pi/2}^{2\pi} \sin\varphi\, d\varphi = -1.$$

元来,重積分の計算というと,つい累次積分に直して計算したがるが,それはあまりよくない.それに,累次積分にしても,どちらの変数からさきに積分するかを考えないと失敗する.つまり,重積分になると,積分した結果をもう一度積分しなければならないわけで,最初の積分の結果についてのケントウをつける訓練が必要でもある.ハシからただ計算するというのでは破綻する.

むしろ,最初にグットニラムだけで,たとえば

$$\iint_{x^2+y^2\leq 1} \sin(x^3+y^3)\, dxdy = 0$$

のように対称性からわかるものもある.そして,一番よくあるのは,xとyを同時に変数変換して変数分離をして,単積分の積に持ちこむ場合である.円柱座標や球座標を使うというのも,ある意味では,対称性を活用しているともいえる.現実の諸問題には,なんらかの対称性を持ったものが多いので,その対称性に関連した座標に変数変換するとうまくいくのである.

これもまた,「計算」という観点からすれば,どういう形態で計算するのが自然か,という観点からの洞察にかかわる.現在の未発達な電子計算機にくらべて,人間の「計算」の圧倒的に優位にある部分は,この洞察力にのみかかわっている(それは,計算機技術者に関していえば,プログラミングの能力の基礎でもあろう).そしてまた,形式的な計

算の形態についての「自然さ」というのは，現実の「自然の法則」の方にかかわっていることが多いものである．よくいわれる

  自然は数学の源泉である

というコトワザは，ただ単に，自然法則の追究から「数学」が生まれてきたという，発生の歴史的事情だけではなしに，「数学」の内的性格としての「自然さ」にそれが生きているからでもある．積分にしても，微分作用素にしても，極座標への変数変換にとくにページをさいているのは，このゆえである．極座標のもつ中心対称性は，空間の等方性の反映であり，それゆえに，自然の解析で基本的であると同時に，「計算」での典型となっているのである．ピタゴラスは，円や球に調和の極致を見たものだが，それは「美」によってではなく，「法則性」の観点からだけ，正しい．

15. Γ 関数をめぐって

B 関数と Γ 関数

夏休みの暑い最中ではあるが，学園闘争のあいまに，極限と積分の計算に汗を流すという銷夏法もあってよいだろう．

定積分を計算するのに，まず不定積分を，と条件反射的にやるのはあまりよい思案ではない．よく現われる型はきまっていて，その典型をしらべておいた方がよい．このとき，もっとも基本的なのはオイラーの積分で

$$B(\alpha,\beta) = \int_0^1 t^{\alpha-1}(1-t)^{\beta-1}dt \qquad (\alpha,\beta > 0),$$

$$\Gamma(\alpha) = \int_0^{+\infty} t^{\alpha-1}e^{-t}dt \qquad (\alpha > 0)$$

である．この積分は

$$\int_0^1 t^{\alpha-1}dt < +\infty \quad (\alpha > 0), \qquad \int_1^{+\infty} e^{-t}dt < +\infty$$

であって，

$$t^{\alpha-1}(1-t)^{\beta-1} \sim t^{\alpha-1}e^{-t} \sim t^{\alpha-1} \qquad (t \to 0),$$

$$t^{\alpha-1}(1-t)^{\beta-1} \sim (1-t)^{\beta-1} \qquad (t \to 1)$$

で，$t \to +\infty$ については e^{-t} に関して $t^{\alpha-1}$ の部分は収束に影響しないから，これらの積分は収束する．

▶たとえば $t^{a-1}e^{-t} \ll e^{-\frac{t}{2}}$

ここで，たとえば

$$t = \frac{u}{1+u}, \quad 1-t = \frac{1}{1+u}, \quad dt = \frac{du}{(1+u)^2},$$
$$t(0) = 0, \quad t(+\infty) = 1$$

で変数変換すると

$$B(\alpha, \beta) = \int_0^{+\infty} \frac{u^{\alpha-1}}{(1+u)^{\alpha+\beta}} du$$

となる．このように，いろいろな形に変数変換できるわけで，変数変換を考慮すればかなり広汎な型の積分がこの種のものになる．

たとえば，次のようなことを，計算してたしかめてみよ．

$s = 1-t$ として $B(\alpha, \beta) = \int_0^1 (1-s)^{\alpha-1} s^{\beta-1} ds,$

$t = \sin^2\varphi$ として

$$B(\alpha, \beta) = 2\int_0^{\frac{\pi}{2}} \sin^{2\alpha-1}\varphi \cos^{2\beta-1}\varphi d\varphi,$$

$v = 2t-1$ として

$$B(\alpha, \beta) = \frac{1}{2^{\alpha+\beta-1}} \int_{-1}^1 (1+v)^{\alpha-1} (1-v)^{\beta-1} dv,$$

$t = s^2$ として $\Gamma(\alpha) = 2\int_0^{+\infty} s^{2\alpha-1} e^{-s^2} ds,$

$e^{-t} = u$ として $\Gamma(\alpha) = \int_0^1 \left(\log\frac{1}{u}\right)^{\alpha-1} du,$

$t^\alpha = v$ として $\Gamma(\alpha) = \frac{1}{\alpha}\int_0^{+\infty} e^{-v^{1/\alpha}} dv.$

さて，これらの関数について

$$\begin{aligned}
&\Gamma(\alpha)\Gamma(\beta) \\
&= 2\int_0^{+\infty} e^{-x^2} x^{2\alpha-1}\,dx \cdot 2\int_0^{+\infty} e^{-y^2} y^{2\beta-1}\,dy \\
&= 2^2 \iint_{0<x,y<+\infty} e^{-(x^2+y^2)} x^{2\alpha-1} y^{2\beta-1}\,dxdy \\
&= 2^2 \iint_{\substack{0<\rho<+\infty \\ 0<\varphi<\pi/2}} e^{-\rho^2} \rho^{2\alpha-1}\cos^{2\alpha-1}\varphi\, \rho^{2\beta-1}\sin^{2\beta-1}\varphi\, \rho\, d\rho d\varphi
\end{aligned}$$

(極座標に変換)

$$= 2\int_0^{+\infty} e^{-\rho^2} \rho^{2(\alpha+\beta)-1} d\rho \cdot 2\int_0^{\frac{\pi}{2}} \cos^{2\alpha-1}\varphi \sin^{2\beta-1}\varphi\, d\varphi$$

$$= \Gamma(\alpha+\beta) B(\alpha,\beta)$$

となる．したがって，Γ 関数の値がわかれば，B 関数の値はわかることになる．

ところで，$\alpha>0$ にたいし

$$\begin{aligned}
\Gamma(\alpha+1) &= \int_0^{+\infty} t^\alpha e^{-t} dt \\
&= \left[-t^\alpha e^{-t}\right]_0^{+\infty} + \int_0^{+\infty} \alpha t^{\alpha-1} e^{-t} dt = \alpha \Gamma(\alpha)
\end{aligned}$$

なので，$0<\alpha\leq 1$ にたいする $\Gamma(\alpha)$ の値が問題になる．

ここでまず，

$$\Gamma(1) = \int_0^{+\infty} e^{-t} dt = 1$$

だから，自然数 n については

$$\Gamma(n+1) = n!$$

となるわけで，$\Gamma(\alpha)$ とはいわば「階乗関数の連続的延長」のような性格を持つ．このために，$\Gamma(\alpha+1)$ のことを $\alpha!$ と書く人もある．

▶ $\sqrt{2}!$ などと書いてあればこの意味.

自然数とならんでよく使われるのは半整数の場合である. これは

$$\left(\Gamma\left(\frac{1}{2}\right)\right)^2 = \Gamma(1)B\left(\frac{1}{2},\frac{1}{2}\right) = 2\int_0^{\pi/2}d\varphi = \pi$$

より

$$\Gamma\left(\frac{1}{2}\right) = \sqrt{\pi}$$

となり,

$$\Gamma\left(\frac{2n+1}{2}\right) = \frac{2n-1}{2}\cdot\frac{2n-3}{2}\cdot\cdots\cdot\frac{5}{2}\cdot\frac{3}{2}\cdot\frac{1}{2}\sqrt{\pi}$$

となる.

工学系の人がよく使う記号だが, 2段ずつ降りるから二度ビックリすることにして

$$(2n)!! = (2n)(2n-2)\cdots 6\cdot 4\cdot 2 = 2^n\cdot n!$$
$$(2n-1)!! = (2n-1)(2n-3)\cdots 5\cdot 3\cdot 1$$
$$= \frac{(2n)!}{(2n)!!} = \frac{(2n)!}{2^n\cdot n!}$$

を使うと便利で

$$\Gamma\left(\frac{2n+1}{2}\right) = \frac{(2n-1)!!}{2^n}\sqrt{\pi} = \frac{(2n)!}{2^{2n}n!}\sqrt{\pi}$$

▶ 帰納的に定義すれば, $(n+2)!! = (n+2)\cdot n!!$, $0!! = -1!! = 1$

今までに, あまり積分計算の機会がなかったが, それは「不定積分教条主義」を警戒したためで, Γ 関数を知った上で, いろいろな計算のさいに出てくる積分を計算するという立場にしたのである. たとえば, 小手しらべに,

$$P_n(x) = \frac{1}{(2n)!!} \frac{d^n}{dx^n}(x^2-1)^n$$

を考えてみよう．ここで

$$(x^2-1)^n = \sum_{k=0}^{n} (-1)^k \frac{n!}{k!(n-k)!} x^{2n-2k}$$

だから

$$P_n(x) = \frac{1}{2^n \cdot n!} \sum_{k=0}^{[n/2]} (-1)^k \cdot \frac{n!}{k!(n-k)!} \cdot \frac{(2n-2k)!}{(n-2k)!} x^{n-2k}$$

$$= \sum_{k=0}^{[n/2]} (-1)^k \cdot \frac{(2n-2k)!}{2^n \cdot (n-k)! k! (n-2k)!} x^{n-2k}$$

となって，x^{n-2k+2} と x^{n-2k} の係数の比は

$$\frac{\dfrac{(-1)^{k-1} \cdot (2n-2k+2)!}{2^n \cdot (n-k+1)!(k-1)!(n-2k+2)!}}{\dfrac{(-1)^k \cdot (2n-2k)!}{2^n \cdot (n-k)! k! (n-2k)!}}$$

$$= -\frac{(2n-2k+1)(2n-2k+2)k}{(n-k+1)(n-2k+1)(n-2k+2)}$$

$$= -\frac{(n+(n-2k)+1)(n-(n-2k))}{(n-2k+1)(n-2k+2)}$$

となる．すなわち，P_n はルジャンドル関数のひとつの表現形式である．ここで，

$$\int_{-1}^{1} P_n^2 \frac{dx}{2} = \frac{1}{2^{2n}(n!)^2} \int_{-1}^{1} \frac{d^n}{dx^n}(x^2-1)^n \frac{d^n}{dx^n}(x^2-1)^n \frac{dx}{2}$$

$$= \frac{-1}{2^{2n}(n!)^2} \int_{-1}^{1} \frac{d^{n-1}}{dx^{n-1}}(x^2-1)^n \frac{d^{n+1}}{dx^{n+1}}(x^2-1)^n \frac{dx}{2}$$

（部分積分）

$$= \cdots\cdots\cdots\cdots$$

$$= \frac{(-1)^n}{2^{2n}(n!)^2}\int_{-1}^1 (x^2-1)^n \frac{d^{2n}}{dx^{2n}}(x^2-1)^n \frac{dx}{2}$$

$$= \frac{(2n)!}{2^{2n}(n!)^2}\int_{-1}^1 (1-x^2)^n \frac{dx}{2}$$

$$= \frac{(2n)!}{(n!)^2}\int_0^1 t^n(1-t)^n dt \quad \left(\frac{1+x}{2}=t\right)$$

$$= \frac{1}{2n+1}.$$

ルジャンドル関数のように,微分作用素の固有関数として出てくる関数について,その積分計算は,たいていこのように,Γ 関数に基礎をおいて行なわれる.

ガウス分布

統計力学の基礎になるガウス分布は,それ自身が Γ 関数の形だが,それに関連する計算では,この種の積分計算が基礎になる.

▶ $\Gamma\left(\dfrac{1}{2}\right)=\sqrt{\pi}$ から $\displaystyle\int_{-\infty}^{+\infty}\frac{e^{-t^2/2}}{\sqrt{2\pi}}dt=1$

まず,B 関数のもっとも単純な場合で,直交関数系の一種でもある三角関数について

$$\int_0^{\frac{\pi}{2}}\sin^{2n+1}\varphi\,d\varphi = \int_0^{\frac{\pi}{2}}\cos^{2n+1}\varphi\,d\varphi$$
$$= \frac{1}{2}B\left(n+1,\frac{1}{2}\right) = \frac{(2n)!!}{(2n+1)!!},$$

$$\int_0^{\frac{\pi}{2}}\sin^{2n}\varphi\,d\varphi = \int_0^{\frac{\pi}{2}}\cos^{2n}\varphi\,d\varphi$$

$$= \frac{1}{2}B\left(n+\frac{1}{2}, \frac{1}{2}\right) = \frac{(2n-1)!!}{(2n)!!} \cdot \frac{\pi}{2}$$

である．三角関数の定積分の場合には，たとえば

$$\int_{\frac{\pi}{2}}^{2\pi} \sin^5\varphi\, d\varphi = -\int_0^{\frac{\pi}{2}} \sin^5\varphi\, d\varphi = -\frac{4}{5}\cdot\frac{2}{3},$$

$$\int_{\frac{\pi}{2}}^{2\pi} \cos^4\varphi\, d\varphi = 3\int_0^{\frac{\pi}{2}} \cos^4\varphi\, d\varphi = 3\cdot\frac{3}{4}\cdot\frac{1}{2}\cdot\frac{\pi}{2}$$

とすればよい．こんなのを正直に不定積分していたら，部分積分をするために，金魚のウンコのようなのが長く続いてやりきれない．

さて，これからウォリスの公式

$$\frac{(2n)!!}{(2n-1)!!} \sim \sqrt{\pi n} \qquad (n\to\infty)$$

がえられる．それは

$$\sin^{2n+1}\varphi < \sin^{2n}\varphi < \sin^{2n-1}\varphi \qquad \left(0<\varphi<\frac{\pi}{2}\right)$$

を積分して

$$\frac{(2n)!!}{(2n+1)!!} < \frac{(2n-1)!!}{(2n)!!}\cdot\frac{\pi}{2} < \frac{(2n-2)!!}{(2n-1)!!}$$

すなわち

$$n\pi < \left(\frac{(2n)!!}{(2n-1)!!}\right)^2 < \frac{2n+1}{2n}\cdot n\pi$$

となるからである．

これがわかると，$n!$ の漸近公式

$$n! \sim c\sqrt{n}\,e^{-n}n^n$$

の定数 c が定められる．すなわち

$$\frac{(2n)!!}{(2n-1)!!} = \frac{2^{2n}(n!)^2}{(2n)!} \sim \frac{2^{2n}c^2 n e^{-2n} n^{2n}}{c\sqrt{2n}e^{-2n}(2n)^{2n}}$$

$$= \frac{c}{\sqrt{2}}\sqrt{n} \qquad (n \to \infty)$$

より，係数を比較して

$$c = \sqrt{2\pi}$$

すなわちスターリングの公式

$$n! \sim \sqrt{2\pi n}\, e^{-n} n^n \qquad (n \to \infty)$$

がえられたことになる．

このことは，2項分布の極限分布がガウス分布になること

$$\lim_{\substack{n \to \infty \\ \frac{k-np}{\sqrt{npq}} \to t}} \frac{n!}{k!(n-k)!} p^k q^{n-k} = \frac{1}{\sqrt{2\pi}} e^{-\frac{t^2}{2}} dt,$$

ふつうの書き方だと

$$\lim \frac{n!}{k!(n-k)!} p^k q^{n-k} \Big/ \frac{1}{\sqrt{npq}} = \frac{1}{\sqrt{2\pi}} e^{-\frac{t^2}{2}}$$

の計算に用いられる．この極限計算はおそらく，教養課程程度の極限計算としては，もっともむずかしい部類に属するだろう．ここで

$$p + q = 1, \quad p > 0, \quad q > 0$$

で，$n \to \infty$ のとき $k \to \infty$，$n-k \to \infty$ なのだが，それが

$$k \sim np + t\sqrt{npq}, \quad n-k \sim nq - t\sqrt{npq}$$

と条件づけられていて，

$$n \gg \sqrt{n} \gg 1 \gg 1\sqrt{n}$$

と，無限の order を考えながら，計算しなければならないのである．まずスターリングの公式で

$$\frac{n!}{k!(n-k)!}p^k q^{n-k}\sqrt{npq}$$

$$\sim \frac{\sqrt{2\pi n}\,e^{-n}n^n p^k q^{n-k}\sqrt{npq}}{\sqrt{2\pi k}\,e^{-k}k^k\sqrt{2\pi(n-k)}\,e^{-(n-k)}(n-k)^{n-k}}$$

$$\sim \frac{1}{\sqrt{2\pi}}\left(\frac{np}{k}\right)^k\left(\frac{nq}{n-k}\right)^{n-k}$$

となる．ここで

$$k \sim np, \quad n-k \sim nq$$

だから

$$\sqrt{k(n-k)} \sim n\sqrt{pq}$$

なのである．

つぎに対数をとって

$$\log(1-x) = -x - \frac{x^2}{2} + O(x^3) \qquad (x \to 0)$$

を用いるのだが，

$$\frac{k-np}{k} \sim \frac{t\sqrt{npq}}{np} = t\sqrt{\frac{q}{p}} \cdot \frac{1}{\sqrt{n}}$$

より

$$\log\left(\frac{np}{k}\right)^k = k\log\left(1-\frac{k-np}{k}\right)$$

$$= -(k-np) - \frac{(k-np)^2}{2k} + O\left(\frac{1}{\sqrt{n}}\right),$$

同様に

$$\log\left(\frac{nq}{n-k}\right)^{n-k}$$

$$= -((n-k)-nq) - \frac{((n-k)-nq)^2}{2(n-k)} + O\left(\frac{1}{\sqrt{n}}\right)$$

で，order に注意しながら

$$\log\left\{\left(\frac{np}{k}\right)^k\left(\frac{nq}{n-k}\right)^{n-k}\right\} \sim -\frac{1}{2}\left(\frac{t^2 npq}{np} + \frac{t^2 npq}{nq}\right) = -\frac{t^2}{2}$$

をうることになる．この種の計算のコツは，つねに order に注意しながら，同じ order ごとにまとめながらやることで，

$$k = O(n), \quad k - np = O(\sqrt{n}),$$
$$\frac{k - np}{k} = O\left(\frac{1}{\sqrt{n}}\right), \quad \frac{(k-np)^2}{k} = O(1)$$

などを見てとることが必要である．

フレネルの積分

こんどは，教養課程程度の積分計算として，おそらく一番メンドーなのをやる．まず

$$\int_0^{+\infty} dx \int_0^{+\infty} e^{-xy^2} \sin x \, dy$$
$$= \int_0^{+\infty} dy \int_0^{+\infty} e^{-xy^2} \sin x \, dx$$

から出発する．この積分の順序交換をたしかめるのには，どちらかは一度不定積分しなければならない．ところが

$$\int e^{ax} \cos bx \, dx + i \int e^{ax} \sin bx \, dx$$
$$= \int e^{(a+bi)x} \, dx$$

$$= \frac{e^{ax}}{a+bi}(\cos bx + i\sin bx)$$

$$= \frac{e^{ax}}{a^2+b^2}(a\cos bx + b\sin bx)$$

$$+ i\frac{e^{ax}}{a^2+b^2}(a\sin bx - b\cos bx)$$

だから(積分定数 C なんてあってもなくてもよいものは,書くのをサボる),

$$\int_0^x e^{-xy^2}\sin x\,dx = \frac{e^{-xy^2}}{y^4+1}(-y^2\sin x - \cos x) + \frac{1}{y^4+1}$$

となって,順序交換ができる.そこで

$$\int_0^{+\infty}dy\int_0^{+\infty}e^{-xy^2}\sin x\,dx = \int_0^{+\infty}\frac{dy}{y^4+1}$$

$$= \frac{1}{4\sqrt{2}}\int_0^{+\infty}\left(\frac{2y+\sqrt{2}}{y^2+\sqrt{2}y+1} - \frac{2y-\sqrt{2}}{y^2-\sqrt{2}y+1}\right)dy$$

$$+ \frac{1}{4}\int_0^{+\infty}\left(\frac{1}{y^2+\sqrt{2}y+1} + \frac{1}{y^2-\sqrt{2}y+1}\right)dy$$

$$= \frac{1}{2\sqrt{2}}\left[\operatorname{Tan}^{-1}(\sqrt{2}y+1) + \operatorname{Tan}^{-1}(\sqrt{2}y-1)\right]_0^{+\infty}$$

$$= \frac{\pi}{2\sqrt{2}}$$

となる.ここで

$$\int_0^{+\infty}\frac{dy}{1+y^4} = \frac{1}{4}\int_0^{+\infty}\frac{u^{\frac{1}{4}-1}}{1+u}du = \frac{1}{4}\Gamma\left(\frac{1}{4}\right)\Gamma\left(\frac{3}{4}\right)$$

であり,もっと Γ 関数についての知識があれば不定積分の必要はない($0<a<1$ にたいし

$$\Gamma(a)\Gamma(1-a) = \frac{\pi}{\sin a\pi}$$

がなりたつ）が，これはかなり典型的な不定積分計算でもあるので，このようにした．もっともここで，部分分数展開したうちの第1項

$$\log \frac{y^2+\sqrt{2}y+1}{y^2-\sqrt{2}y+1}$$

については，y^2 の係数が同じだから $y \to +\infty$ で消え，定数項が同じだから $y \to 0$ で消え，というように考えればよいので，具体的な係数をキッチリしらべる必要はない．第2項については，不定積分の公式を使うわけだが，

$$\int \frac{dx}{a^2+x^2} = \frac{1}{a}\mathrm{Tan}^{-1}\frac{x}{a}, \quad \int \frac{dx}{\sqrt{a^2-x^2}} = \mathrm{Sin}^{-1}\frac{x}{a}$$

では，dimension を合わす，とおぼえればよい．ここでも，定数項が符号だけ違うので $y \to 0$ は消え，y の係数は正だから

$$\frac{\pi}{2}+\frac{\pi}{2} = \pi$$

だけが，計算の必要な部分である．定積分計算の場合は，このように，不定積分計算でキイテくるのはどこか，を考えながらやれば，余分な神経を使わずにすむ．

さて一方で，$\Gamma\left(\dfrac{1}{2}\right) = \sqrt{\pi}$ より

$$\int_0^{+\infty} e^{-xy^2} dy = \frac{1}{2}\sqrt{\frac{\pi}{x}}$$

なので

$$\int_0^{+\infty} dx \int_0^{+\infty} e^{-xy^2} \sin x \, dy = \frac{\sqrt{\pi}}{2} \int_0^{+\infty} \frac{\sin x}{\sqrt{x}} dx$$

となる．これで，光学で用いるフレネルの積分

$$\int_0^{+\infty} \frac{\sin x}{\sqrt{x}} dx = \sqrt{\frac{\pi}{2}}$$

が求められたことになる．

16. 曲線と曲面

線要素と面要素

リーマン流にいうならば，1次元的にひろがったもの（多様体）が線で，2次元的にひろがったものが面である．それを解析的に表示するためには，次元の数だけ径数を用意すればよい．

▶「もののたたずまい」「位置の在り方」など，文学的表現もある．集合概念の原型！

一般的な次元への考慮をふくめて，3次元で話をしよう．3次元空間で，1径数にたいして

$$t \longmapsto \begin{bmatrix} x(t) \\ y(t) \\ z(t) \end{bmatrix} \quad (\text{ベクトル記法なら } t \longmapsto s(t))$$

による像を曲線という．ただし，ここで重複度を考えるかとか，t に $\pm\infty$ をゆるすかとか，いくつかの問題がある．現在の「数学」としては，局所的に径数を考え（局所座標），それを変数変換でつないでいく．また，関数といっても，なめらかさなどを考える．

原点を通る直線は

$$\begin{bmatrix} x \\ y \\ z \end{bmatrix} = \begin{bmatrix} a_x \\ a_y \\ a_z \end{bmatrix} t \quad \text{(ベクトル記法なら } \boldsymbol{s} = \boldsymbol{a}t\text{)}$$

で,tを時間と考えると$\boldsymbol{a}$は速度ベクトルになる.ここで
$$|\boldsymbol{a}| = \sqrt{a_x{}^2 + a_y{}^2 + a_z{}^2}$$
が速度の大きさで,距離は
$$s = \sqrt{a_x{}^2 + a_y{}^2 + a_z{}^2}\, t$$
でえられる.

▶ここでa_xと書いたのは,ベクトル$\boldsymbol{a}$のx成分の意味.

一般の場合は,微分して直線に直すだけである.微分して
$$\begin{bmatrix} dx \\ dy \\ dz \end{bmatrix} = \begin{bmatrix} x'(t) \\ y'(t) \\ z'(t) \end{bmatrix} dt \quad \text{(ベクトル記法なら } d\boldsymbol{s} = \boldsymbol{s}'(t)\,dt\text{)}$$
として,接線がえられる.このとき
$$ds = \sqrt{(x'(t))^2 + (y'(t))^2 + (z'(t))^2}\, dt$$
$$\text{(ベクトル記法なら } ds = |\boldsymbol{s}'(t)|\,dt\text{)}$$
によって,曲線上の測度dsがえられる.これを線要素という.ただし,$\boldsymbol{s}'(t) = \boldsymbol{0}$のときは,接線が考えられない.これは,この径数表示による特異点であるが,つなぎ方を変えて逃げられるか,それがダメでも無視できる場合だけを考えることにする.

これは,たいてい
$$ds^2 = dx^2 + dy^2 + dz^2$$
のように書く.2次元ならば

$$ds^2 = dx^2 + dy^2$$

である．これを極座標に書きかえると

$$dx = \cos\varphi\, d\rho - \rho\sin\varphi\, d\varphi$$
$$dy = \sin\varphi\, d\rho + \rho\cos\varphi\, d\varphi$$

から

$$ds^2 = d\rho^2 + \rho^2 d\varphi^2$$

となる．これは内積計算だから，ふつうのカケ算をすればよい．とくに

円 $\rho = a$ 上では $ds = a d\varphi$

である．3次元にもどって，円柱座標では

$$ds^2 = d\rho^2 + \rho^2 d\varphi^2 + dz^2$$

円柱 $\rho = a$ 上では $ds^2 = a^2 d\varphi^2 + dz^2$

となる．さらに極座標になると

$$ds^2 = dr^2 + r^2 d\theta^2 + r^2 \sin^2\theta\, d\varphi^2$$

球 $r = a$ 上では $ds^2 = a^2 d\theta^2 + a^2 \sin^2\theta\, d\varphi^2$

となる．

このように，線要素は一般に2次式（無限小2次形式）で書かれる．そして，たとえば球面上の曲線が，緯度と経度を用いて表わされていれば，

$$ds = a\sqrt{(\theta'(t))^2 + (\sin\theta(t)\,\varphi'(t))^2}\, dt$$

のように，その曲線上の測度が考えられるのである．2次元での伝統的な $y = y(x)$ なら

$$ds = \sqrt{1 + (y'(x))^2}\, dx$$

になる．ここで，一般に，2次式として線要素が考えられる，ということが基本で，この2次形式の分析から微分幾

何は始まる．

径数をふやして

$$\begin{bmatrix} t \\ u \end{bmatrix} \longmapsto \begin{bmatrix} x(t,u) \\ y(t,u) \\ z(t,u) \end{bmatrix}$$

$$\left(\text{ベクトル記法なら} \begin{bmatrix} t \\ u \end{bmatrix} \longmapsto \boldsymbol{s}(t,u)\right)$$

にすると，2重にひろがるわけで，曲面が考えられる．原点を通る平面なら

$$\begin{bmatrix} x \\ y \\ z \end{bmatrix} = \begin{bmatrix} a_x \\ a_y \\ a_z \end{bmatrix} t + \begin{bmatrix} b_x \\ b_y \\ b_z \end{bmatrix} u$$

（ベクトル記法なら $\boldsymbol{s} = \boldsymbol{a}t + \boldsymbol{b}u$）

になる．このとき，

$$|\boldsymbol{s}|^2 = |\boldsymbol{a}|^2 t^2 + 2(\boldsymbol{a}\cdot\boldsymbol{b})tu + |\boldsymbol{b}|^2 u^2$$

という，2次式になっている．一般の場合は，微分してえられた接平面

$$\begin{bmatrix} dx \\ dy \\ dz \end{bmatrix} = \begin{bmatrix} x'_t \\ y'_t \\ z'_t \end{bmatrix} dt + \begin{bmatrix} x'_u \\ y'_u \\ z'_u \end{bmatrix} du$$

（ベクトル記法なら $d\boldsymbol{s} = \boldsymbol{s}'_t dt + \boldsymbol{s}'_u du$）

から

$$ds^2 = |\boldsymbol{s}'_t|^2 dt^2 + 2(\boldsymbol{s}'_t \cdot \boldsymbol{s}'_u) dt du + |\boldsymbol{s}'_u|^2 du^2$$

が，一般の形である．

ところで，平面については，法線方向の面積ベクトル

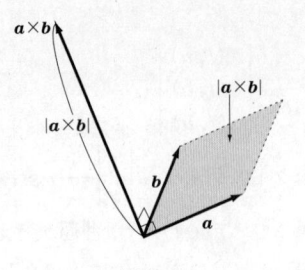

図 16.1

$$\boldsymbol{a}\times\boldsymbol{b} = \begin{bmatrix} \begin{vmatrix} a_y & b_y \\ a_z & b_z \end{vmatrix} \\ \begin{vmatrix} a_z & b_z \\ a_x & b_x \end{vmatrix} \\ \begin{vmatrix} a_x & b_x \\ a_y & b_y \end{vmatrix} \end{bmatrix}$$

があり (図 16.1), $\boldsymbol{a}$ と $\boldsymbol{b}$ で作った平行 4 辺形の面積が

$$|\boldsymbol{a}\times\boldsymbol{b}| = \sqrt{\begin{vmatrix} a_y & b_y \\ a_z & b_z \end{vmatrix}^2 + \begin{vmatrix} a_z & b_z \\ a_x & b_x \end{vmatrix}^2 + \begin{vmatrix} a_x & b_x \\ a_y & b_y \end{vmatrix}^2}$$

になる. そこで, 一般の曲面について, 法線方向の面積ベクトル

$$d\boldsymbol{S} = (\boldsymbol{s}'_t \times \boldsymbol{s}'_u)\, dtdu$$

があり, 曲面上の測度として

$$dS = |\boldsymbol{s}'_t \times \boldsymbol{s}'_u|\, dtdu$$

がえられる. これが面要素である (図 16.2).

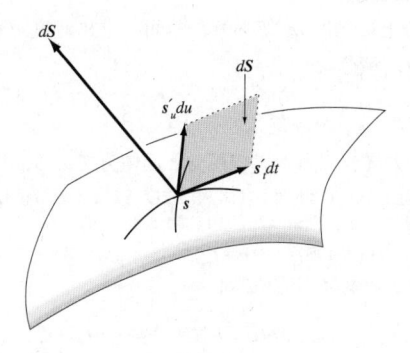

図 16.2

この方も,
$$dS^2 = (dydz)^2+(dzdx)^2+(dxdy)^2$$
と書ける.ただし,この $dydz$ は実は外積で,$(|\ |)^2$ のところは内積なので,混同しないように.円柱座標については,$dxdy=\rho d\rho d\varphi$, $dx^2+dy^2=d\rho^2+\rho^2 d\varphi^2$ から
$$dS^2 = \rho^2(d\varphi dz)^2+(dzd\rho)^2+\rho^2(d\rho d\varphi)^2$$
となり,同じく極座標では
$$dS^2 = r^4\sin^2\theta(d\theta d\varphi)^2+r^2\sin^2\theta(d\varphi dr)^2+r^2(drd\theta)^2$$
となる.とくに

球面 $r = a$ 上では $dS = a^2\sin\theta\, d\theta d\varphi$

となっているわけである.

線積分と面積分

曲線の上に測度 ds があり，曲面の上に測度 dS があるからには，積分

$$\int f\,ds, \qquad \iint f\,dS$$

が考えられる．これが，線積分と面積分である．

▶曲面（たとえば地球）上の人口密度 f がわかれば積分して全人口がわかる．曲線（たとえばブタのシッポ）上の蚤口密度を積分すれば蚤が何匹いるかわかる．

とくに，曲線 C の長さは

$$m_1(C) = \int_C ds$$

であり，曲面 B の面積は

$$m_2(B) = \iint_B dS$$

でえられる．

▶ヤカマシクいえば，この積分の値が径数のとり方や座標のとり方によらないことをタシカメねばならない（アタリマエ）．

2次元で，曲線が

$$C = \{\, y = y(x),\ a \leq x \leq b\,\}$$

なら

$$m_1(C) = \int_a^b \sqrt{1 + (y'(x))^2}\,dx$$

になるし，極座標で，

$$C = \{\, \rho = \rho(\varphi),\ \alpha \leq \varphi \leq \beta\,\}$$

なら

$$m_1(C) = \int_\alpha^\beta \sqrt{(\rho(\varphi))^2 + (\rho'(\varphi))^2}\,d\varphi$$

になる．とくに，円
$$C = \{\rho = a, \ 0 = \varphi \leq 2\pi\}$$
については
$$m_1(C) = \int_0^{2\pi} a\,d\varphi = 2\pi a$$
という，アタリマエの結果が出る．

3次元の曲面についても，たとえば
$$B = \{z = z(x, y), \ (x, y) \in D\}$$
についてなら
$$m_2(B) = \iint_D \sqrt{1 + (z'_x)^2 + (z'_y)^2}\,dx\,dy$$
となる．とくに，回転体
$$B = \{\rho = \rho(z), \ a \leq z \leq b\}$$
については
$$m_2(B) = \int_{\substack{x=\rho(z), y=0 \\ a \leq z \leq b}} 2\pi \rho(z)\,ds$$
$$= 2\pi \int_a^b \rho(z)\sqrt{1 + (\rho'(z))^2}\,dz$$
である．また，球
$$B = \{r = a, \ 0 \leq \theta \leq \pi, \ 0 \leq \varphi \leq 2\pi\}$$
についてなら，
$$m_2(B) = \int_0^{2\pi} d\varphi \int_0^{\pi} a^2 \sin\theta\,d\theta = 4\pi a^2$$
がえられる．

前にやった例のように
$$B = \{0 \leq z \leq 1-(x+y), \ x^2 + y^2 = 1\}$$

の面積についてなら

$$m_2(B) = \int_{\frac{\pi}{2}}^{2\pi} (1-(\cos\varphi+\sin\varphi))\,d\varphi = 2+\frac{3}{2}\pi$$

で，簡単に計算できる．

　ここで，微分をするときに，接線（接平面）を考えたことに注意しておこう．はじめから折れ線（折れ面）のときは，ふつうの長さ（面積）であり，曲線（曲面）については，外接折れ線（折れ面）で近似しているともいえる．この場合，線積分については内接折れ線で近似してもよいが，面積分ではそうはならない．その理由は，曲線上の2点を通る直線の極限は接線になるが，曲面上の3点を通る平面の極限は接平面とはかぎらないからである．たとえば，円柱面の接平面は母線を含む平面だが，3点を切り口の断面に近くとればこの3点を通る平面はむしろ接平面と垂直に近い．このようにして作った，円柱面に内接する多面体はシュヴァルツのチョーチンといって，曲面の面積を内接近似してはならない教訓になっている．

▶曲線の長さと曲面の面積のところで，うんとコル人もある．

微分式の積分

　このように近似の仕方について，議論が生ずるのは，
$$ds = \sqrt{dx^2+dy^2+dz^2}$$
　　　　（ベクトル記法なら $ds = \sqrt{d\mathbf{s}\cdot d\mathbf{s}}$）
であって，これが $d\mathbf{s}$ の1次形式になっていないことによる．ところが

$$\boldsymbol{f}\cdot d\boldsymbol{s} = f_x dx + f_y dy + f_z dz$$

という1次形式（1次微分式）についても，積分を考える．これは

$$\int_C \boldsymbol{f}\cdot d\boldsymbol{s} = \int_C \left(f_x \frac{dx}{ds} + f_y \frac{dy}{ds} + f_z \frac{dz}{ds}\right) ds$$

$$= \int (f_x x'(t) + f_y y'(t) + f_z z'(t))\, dt$$

で，線積分の一種と考えられる．しかしこの場合には，1次形式で ds について線型であるので，C を任意の折れ線で近似してよい．

▶よくあるインチキ（図16.3）．

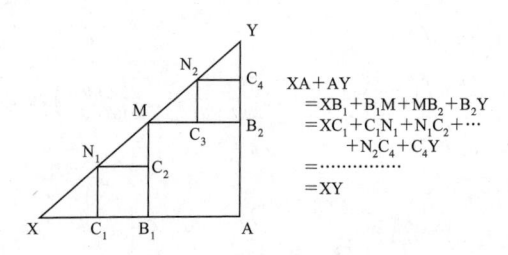

$$\begin{aligned}
XA+AY &= XB_1+B_1M+MB_2+B_2Y \\
&= XC_1+C_1N_1+N_1C_2+\cdots \\
&\quad +N_2C_4+C_4Y \\
&= \cdots\cdots\cdots\cdots \\
&= XY
\end{aligned}$$

図 16.3

ここで，有向線分 $\boldsymbol{b}$ があるとき，一様な速度ベクトル $\boldsymbol{a}$ で流れている流れについて

　　$\boldsymbol{a}\cdot\boldsymbol{b}$ は $\boldsymbol{b}$ に沿って流れる流量

である．すなわち，$\boldsymbol{a}$ の $\boldsymbol{b}$ 方向への成分だけを考えると，単位時間に流れるのは各点ごとに

$$(a)_b = a \cdot \frac{b}{|b|}$$

であり,それに b の長さ $|b|$ をかけたものが,b に沿っての全流量である.そこで,C 上の各点での流量 $f \cdot ds$ を C に沿って集めるわけで,1次微分式 $f \cdot ds$ の C における積分とは

　　　C に沿っての流量

をうる.

同様に,2次微分式

$$f \cdot dS = f_x\, dy\, dz + f_y\, dz\, dx + f_z\, dx\, dy$$

についても,面積分

$$\iint_B f \cdot dS$$
$$= \iint \left(f_x \frac{\partial(y,z)}{\partial(u,v)} + f_y \frac{\partial(z,x)}{\partial(u,v)} + f_z \frac{\partial(x,y)}{\partial(u,v)} \right) du\, dv$$

が考えられる.

ここで

$$a \cdot (b \times c) = \begin{vmatrix} a_x & b_x & c_x \\ a_y & b_y & c_y \\ a_z & b_z & c_z \end{vmatrix}$$

は,a, b, c から作った平行6面体の体積であり,b と c で作った平行4辺形の面があるとき,一様な速度ベクトル a の流れが,この面を通って流出するのは $a \cdot (b \times c)$ になる.そこで,B 上の各点で,流出量が $f \cdot dS$ であるのを B 全体にわたって集めるわけで,2次微分式 $f \cdot dS$ の B における積分というのは

B をよこぎっての流量

ということになる．

　2次元の場合，1次微分式 $\boldsymbol{f}\cdot d\boldsymbol{s}$ の積分については同じことだが，流出量については，有向線分 $\boldsymbol{b}$ をよこぎっての流量を計算するには，平行4辺形の面積

$$\boldsymbol{a}\times\boldsymbol{b} = \begin{vmatrix} a_x & b_x \\ a_y & b_y \end{vmatrix}$$

を考えればよい．そこで，$\boldsymbol{f}\times d\boldsymbol{s}$ を集めた

$$\int_C \boldsymbol{f}\times d\boldsymbol{s} = \int \begin{vmatrix} f_x & x'(t) \\ f_y & y'(t) \end{vmatrix} dt$$

を考えると，

　　　C をよこぎっての流量

がえられる．

積分領域の変化

　ここで，積分領域に径数 t を含む場合の積分

$$\iint_{B(t)} f(x,y)\,dS, \qquad \iiint_{A(t)} f(x,y,z)\,dV$$

の t に関する変動を分析してみよう．B の境界は閉曲線で表わせるとして，それを ∂B と書く．「境界」の概念を，一般的に厳密に定義するには，位相幾何の準備がいるので，ここでは常識的に考えておく．この場合，t とともに ∂B がふくらんでいく，と考えられるわけで，境界の点ごとにその速度 $\boldsymbol{v}$ が考えられる（図 16.4）．

　このとき，径数 t のほかに ∂B の径数 u を考えると

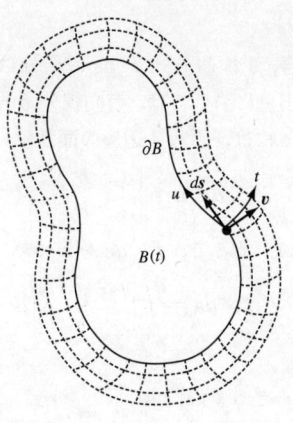

図 16.4

$$\iint_B f(x,y)\,dx\,dy = \int dt \int_{\partial B} f(x,y) \frac{\partial(x,y)}{\partial(u,y)} du$$

となる．そこで

$$\frac{d}{dt}\iint_B f(x,y)\,dx\,dy = \int_{\partial B} f(x,y)\,(\boldsymbol{v} \times d\mathbf{s})$$

がえられる．

もっと一般には，$f(t,x,y)$ について

$$\langle f(t), B(t) \rangle = \iint_{B(t)} f(t,x,y)\,dx\,dy$$

と書くと，1変数のときと同じく形式的には

$$\frac{d}{dt}\langle f(t), B(t)\rangle = \left\langle \frac{d}{dt}f(t), B(t) \right\rangle + \left\langle f(t), \frac{d}{dt}B(t) \right\rangle$$

の形になり，

$$\frac{d}{dt}\iint_B f\,dS = \iint_B \frac{\partial f}{\partial t}\,dS + \int_{\partial B} f(\boldsymbol{v}\times d\boldsymbol{s})$$

という式がえられる．

3次元についても同じことで

$$\frac{d}{dt}\iiint_A f\,dV = \iiint_A \frac{\partial f}{\partial t}\,dV + \iint_{\partial A} f(\boldsymbol{v}\cdot d\boldsymbol{S})$$

になる．これらが，1変数のときの公式

$$\frac{d}{dt}\int_a^b f\,dx = \int_a^b \frac{\partial f}{\partial t}\,dx + (f(b)\,b' - f(a)\,a')$$

の一般化である．

さらに，たとえば3次元空間の中で，曲線や曲面がのびたり拡がったりするだけでなく，全体として移動する場合についての変化もあるのだが，この場合には，その曲線の掃く曲面の部分が影響するので，この関係が明らかになってからでなければわからない．それには，ベクトル解析の知識が必要である．

要するに今回は，いろいろな領域で，いろいろな量を積分してみただけのことで，

　　　積分とはある領域にわたって微分量を集めること
だというように考えれば，みな同じことである．1変数の積分が面積で2変数の積分が体積だなどと，教条的に硬直していてはいけない．

17. ベクトル解析

微分式の微分

▶今回は，前に書いた『ベクトル解析』（国土社，のちに日本評論社）の中心部分であるが，さらに物理との関連について，『ファインマン物理学3』（岩波書店）を見られたい．ここに書いたのは，御用とおいそぎの方むきの「ベクトル解析」案内．

3次元の関数 f について，微分

$$df = \frac{\partial f}{\partial x}dx + \frac{\partial f}{\partial y}dy + \frac{\partial f}{\partial z}dz$$

は1次微分式になる．ここで

$$\nabla = \begin{bmatrix} \dfrac{\partial}{\partial x} \\ \dfrac{\partial}{\partial y} \\ \dfrac{\partial}{\partial z} \end{bmatrix}, \quad \mathbf{grad}\, f = \nabla f = \begin{bmatrix} \dfrac{\partial f}{\partial x} \\ \dfrac{\partial f}{\partial y} \\ \dfrac{\partial f}{\partial z} \end{bmatrix}$$

として，

$$df = (\mathbf{grad}\, f) \cdot d\mathbf{s}$$

となるわけである．関数 f を0次微分式とよぶこともあって

$$d : f \longmapsto (\mathbf{grad}\, f) \cdot d\mathbf{s}$$

は，0次微分式に1次微分式を対応させる演算になってい

る．

こんどは，1次微分式
$$\boldsymbol{f}\cdot d\boldsymbol{s} = f_x\,dx + f_y\,dy + f_z\,dz$$
があったとき，その微分を
$$d(\boldsymbol{f}\cdot d\boldsymbol{s}) = df_x dx + df_y dy + df_z dz$$
$$= \left(\frac{\partial f_x}{\partial x}dx + \frac{\partial f_x}{\partial y}dy + \frac{\partial f_x}{\partial z}dz\right)dx$$
$$+ \left(\frac{\partial f_y}{\partial x}dx + \frac{\partial f_y}{\partial y}dy + \frac{\partial f_y}{\partial z}dz\right)dy$$
$$+ \left(\frac{\partial f_z}{\partial x}dx + \frac{\partial f_z}{\partial y}dy + \frac{\partial f_z}{\partial z}dz\right)dz$$
$$= \left(\frac{\partial f_z}{\partial y} - \frac{\partial f_y}{\partial z}\right)dy\,dz + \left(\frac{\partial f_x}{\partial z} - \frac{\partial f_z}{\partial x}\right)dz\,dx$$
$$+ \left(\frac{\partial f_y}{\partial x} - \frac{\partial f_x}{\partial y}\right)dx\,dy$$

と定義する（外積計算 $dx\,dx=0$, $dz\,dy=-dy\,dz$ など）．ここで

$$\mathbf{rot}\,\boldsymbol{f} = \nabla\times\boldsymbol{f} = \begin{bmatrix} \dfrac{\partial f_z}{\partial y} - \dfrac{\partial f_y}{\partial z} \\ \dfrac{\partial f_x}{\partial z} - \dfrac{\partial f_z}{\partial x} \\ \dfrac{\partial f_y}{\partial x} - \dfrac{\partial f_x}{\partial y} \end{bmatrix}$$

とおくと
$$d(\boldsymbol{f}\cdot d\boldsymbol{s}) = (\mathbf{rot}\,\boldsymbol{f})\cdot d\boldsymbol{S}$$
となって，1次微分式から2次微分式への
$$d: \boldsymbol{f}\cdot d\boldsymbol{s} \longmapsto (\mathbf{rot}\,\boldsymbol{f})\cdot d\boldsymbol{S}$$

がえられる．

同じく，2次微分式
$$\boldsymbol{f} \cdot d\boldsymbol{S} = f_x\, dy\, dz + f_y\, dz\, dx + f_z\, dx\, dy$$
については，微分は
$$d(\boldsymbol{f} \cdot d\boldsymbol{S}) = df_x\, dy\, dz + df_y\, dz\, dx + df_z\, dx\, dy$$
$$= \left(\frac{\partial f_x}{\partial x} + \frac{\partial f_y}{\partial y} + \frac{\partial f_z}{\partial z}\right) dx\, dy\, dz$$
となって，
$$\mathrm{div}\,\boldsymbol{f} = \nabla \cdot \boldsymbol{f} = \frac{\partial f_x}{\partial x} + \frac{\partial f_y}{\partial y} + \frac{\partial f_z}{\partial z}$$
とおいて，
$$d(\boldsymbol{f} \cdot d\boldsymbol{S}) = (\mathrm{div}\,\boldsymbol{f})\, dV$$
となる．その次は
$$d(f\, dV) = 0$$
しかない．

2次元のときは，
$$\nabla = \begin{bmatrix} \dfrac{\partial}{\partial x} \\ \dfrac{\partial}{\partial y} \end{bmatrix}$$
について
$$\mathbf{grad}\,f = \nabla f = \begin{bmatrix} \dfrac{\partial f}{\partial x} \\ \dfrac{\partial f}{\partial y} \end{bmatrix},$$
$$\mathrm{rot}\,\boldsymbol{f} = \nabla \times \boldsymbol{f} = \frac{\partial f_y}{\partial x} - \frac{\partial f_x}{\partial y},$$

$$\mathrm{div}\,\boldsymbol{f} = \nabla\cdot\boldsymbol{f} = \frac{\partial f_x}{\partial x} + \frac{\partial f_y}{\partial y},$$

$$df = (\mathbf{grad}\,f)\cdot d\boldsymbol{s},$$

$$d(\boldsymbol{f}\cdot d\boldsymbol{s}) = (\mathrm{rot}\,\boldsymbol{f})\,dS,$$

$$d(\boldsymbol{f}\times d\boldsymbol{s}) = (\mathrm{div}\,\boldsymbol{f})\,dS,$$

$$d(f\,dS) = 0$$

となる.

これらはすべて，形式的に処理された微分量であるので，これだけでは意味がとりにくいが，それを積分して，ふつうの量にしてみると意味が出てくる.

ストークスの定理

▶特別の場合を，グリーンの定理，ガウスの定理などという.

1変数のとき，微積分の基本定理のひとつの表現形式は

$$\int_a^b f'(x)\,dx = f(b) - f(a)$$

であった．これは，一般の有向曲線 C の両端が $\boldsymbol{a}$ と $\boldsymbol{b}$ のとき

$$\int_C \left(\frac{\partial f}{\partial x}\frac{dx}{dt} + \frac{\partial f}{\partial y}\frac{dy}{dt} + \frac{\partial f}{\partial z}\frac{dz}{dt}\right)dt = \int_C \frac{df}{dt}\,dt$$
$$= f(\boldsymbol{b}) - f(\boldsymbol{a})$$

より

$$\int_C df = f(\boldsymbol{b}) - f(\boldsymbol{a})$$

と一般化される.

ここで，

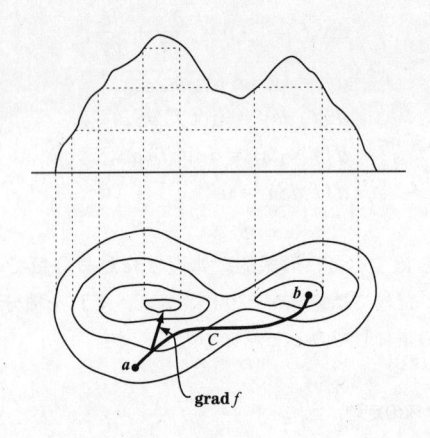

図 17.1

$$df = (\mathbf{grad} f) \cdot d\mathbf{s}$$

の意味を考えてみよう．エをかきやすいように，2次元にする．そのとき，図17.1の地図の上で路 C に沿って，$\mathbf{a}$ から $\mathbf{b}$ まで山を登るとする．このとき $\mathbf{grad} f$ というのは接平面の勾配をあらわしている．そこで，$(\mathbf{grad} f) \cdot d\mathbf{s}$ は C の接線方向についての f の増加を意味する．したがって，それを集めると $\mathbf{a}$ と $\mathbf{b}$ の高度の変化がわかる，というのがこの式の意味である．

▶ 1次式の場合，$f(\mathbf{s}) = \mathbf{a} \cdot \mathbf{s}$ について，ベクトル $\mathbf{a}$ は等高線に垂直で，$\mathbf{e}$ 方向に進むとき $f(\mathbf{e}t) = (\mathbf{a} \cdot \mathbf{e}) t$ だから，$\mathbf{a} \cdot \mathbf{e}$ すなわち $\mathbf{a}$ の $\mathbf{e}$ 方向への射影が，t の1あたりの f の増加を意味する．

この関係を，2変数以上に一般化したのがストークスの定理である．2次元から始めるとしよう．このとき

$$\iint_B d(\boldsymbol{f} \cdot d\boldsymbol{s}) = \int_{\partial B} \boldsymbol{f} \cdot d\boldsymbol{s},$$

$$\iint_B d(\boldsymbol{f} \times d\boldsymbol{s}) = \int_{\partial B} \boldsymbol{f} \times d\boldsymbol{s}$$

がえられる．それは，長方形については

$$\iint_B \left(\frac{\partial f_y}{\partial x} - \frac{\partial f_x}{\partial y} \right) dx\, dy$$
$$= \int_c^d (f_y(b, y) - f_y(a, y))\, dy$$
$$- \int_a^b (f_x(x, d) - f_x(x, c))\, dx$$

だから成立し，一般の場合は，長方形に分割して近似すれば，各長方形について成立しているものの和の極限だからよい（図17.2）．このことから

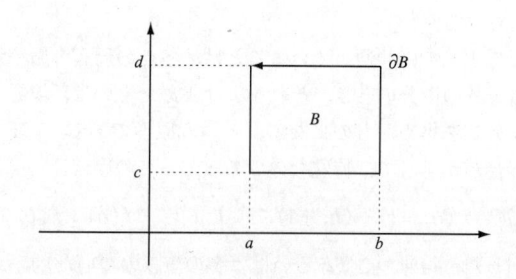

図 17.2

$$\text{rot}\,\boldsymbol{f} = \lim_B \frac{\int_{\partial B} \boldsymbol{f} \cdot d\boldsymbol{s}}{\iint_B dS}, \quad \text{div}\,\boldsymbol{f} = \lim_B \frac{\int_{\partial B} \boldsymbol{f} \times d\boldsymbol{s}}{\iint_B dS}$$

となるわけで $\text{rot}\,\boldsymbol{f}$ というのは各点のまわりでの循環量，$\text{div}\,\boldsymbol{f}$ というのは各点からの流出量を意味することになる．

3次元の場合は，曲面についても径数で変数変換すると

$$\iint_B d(\boldsymbol{f} \cdot d\boldsymbol{s}) = \int_{\partial B} \boldsymbol{f} \cdot d\boldsymbol{s}$$

となる．この場合，$\text{rot}\,\boldsymbol{f}$ というのがベクトルなのは，3次元における渦というのは，軸のまわりを循環するわけで，渦の軸の方向と渦の強さとが出てくるわけである．

流出量についても，2次元の場合と同じく，直方体から考えていけば

$$\iiint_A d(\boldsymbol{f} \cdot d\boldsymbol{S}) = \iint_{\partial A} \boldsymbol{f} \cdot d\boldsymbol{S}$$

がえられる．

このすべてに共通していることは，各点の周辺の微小量が微分式の微分のとき，それをよせ集めたものは，境界での微分式を集めたものになる，という原理である．1変数の場合がかえって，特殊なのであって，この場合は

$$\partial C = (\boldsymbol{a}, -1) + (\boldsymbol{b}, +1), \quad \int_{\partial C} f = -f(\boldsymbol{a}) + f(\boldsymbol{b})$$

といった，符号つき（あるいは ± 1 の重みのついた）点と，点での0次元の積分を考えた，と思える．ともかく一般的に

$$\int_A d\omega = \int_{\partial A} \omega$$

という形式をしている．

量的にいえば，**grad** については

> 微小変化をよせ集めて，最初から最後までの変化をうる

という，ふつうの微積分の理念だが，rot については

> 各点での微小渦をよせ集めれば，外まわりでの渦の循環がえられる，

div については

> 各点での微小流出をよせ集めれば，外側への全流出がえられる

という意味だと考えればよい．いわば，rot f とは渦の卵，div f とは泉の卵である．

ポアンカレの定理

微積分の基本定理のもうひとつの表現として，

$$df = gdx, \quad f(0) = c \quad \text{ならば} \quad f(x) = c + \int_0^x g(x)\,dx$$

がある．この一般化として，与えられた微分式 ω にたいして

$$d\varphi = \omega$$

となる φ を求める問題を考えよう．

ただし，この場合には特殊な条件がいる．3次元でいえば，ベクトルについての

$$\bm{a}\times(\bm{a}r)=\bm{0}, \quad \bm{a}\cdot(\bm{a}\times\bm{b})=0$$

から（一般次元では，微分式の計算で処理すればよい），

$$\mathrm{rot}(\mathrm{grad}\,f)=\bm{0}, \quad \mathrm{div}(\mathrm{rot}\,\bm{g})=0$$

になる．一般に，

$$d(d\varphi)=0$$

である．そこで問題は，

$d\omega=0$ のとき $d\varphi=\omega$ となる φ を求める

ということになる．

いま，$\bm{0}$ から $\bm{a}$ への 2 つの道 C_1 と C_2 があって，C_1 と C_2 との間に妨害物がなくて連続的に移行できるとき，その間に膜 B が張れることになり

$$\partial B = C_1 - C_2$$

となる（$-C_2$ と書いたのは，$\bm{a}$ から C_2 を逆行して $\bm{0}$ にいたるという意味）．そこで

$$\mathrm{rot}\,\bm{g}=\bm{0}$$

のとき

$$\int_{C_1}\bm{g}\cdot d\bm{s}-\int_{C_2}\bm{g}\cdot d\bm{s}=\iint_B(\mathrm{rot}\,\bm{g})\,dS=0$$

となる．そこで，道に関係なく

$$f(\bm{a})=c+\int_{C_1}\bm{g}\cdot d\bm{s}$$

を考えれば，たとえば

$$f(\bm{a})=c+\int_0^{a_x}g_x(x,0,0)\,dx+\int_0^{a_y}g_y(a_x,y,0)\,dy$$
$$+\int_0^{a_z}g_z(a_x,a_y,z)\,dz$$

をとれば，
$$g = \mathrm{grad}\, f$$
になる．この f を g のスカラー・ポテンシャルという．積分定数 c は，ポテンシャル・エネルギーのレベルの与え方を意味する．力学的なイメージからすると，ポテンシャルの勾配として与えられるのが力であり，逆にいえば，力の源泉としてのエネルギーがある．

▶ただし，自然はポテンシャルの高い方から低い方に流れるので，向きが反対になる．そこで，流れの向きと合わせるため，f ではなくて $-f$ をとる方が普通の「定義」である．

とくに
$$g_x\, dx + g_y\, dy + g_z\, dz = 0$$
にたいしては
$$f = \mathrm{const.}$$
が解となるわけで，これはしばしば全微分型の微分方程式といわれる．

ここで，領域が限定されていて，C_1 と C_2 の間に妨害物があるときは，妨害物をまわってもとへもどる C_1-C_2 の積分は 0 にならず，この状態の解析には，妨害物のあり方の問題が生じてくる．これが，「位相幾何」の重要な源泉となった．

同じように，領域に妨害がなければ，
$$\mathrm{div}\, g = 0$$
のときには
$$g = \mathrm{rot}\, f$$

となる f がとれる．この f が g のベクトル・ポテンシャルである．ただし，$\operatorname{grad} f = 0$ となる f が const であるのにたいし，$\operatorname{rot} f = 0$ となる f は多くの自由度を持ち，
$$\operatorname{rot}(\operatorname{grad} h) = 0$$
から，$\operatorname{grad} h$ をつけ加えてもよい．電磁気でいえば，ベクトル・ポテンシャルというのは磁力 g の源泉であり，ゲージ変換との関連で定まる．

たとえば
$$f_x(\boldsymbol{a}) = \int_0^{a_z} g_y(a_x, a_y, z)\,dz - \int_0^{a_y} g_z(a_x, y, 0)\,dy,$$
$$f_y(\boldsymbol{a}) = -\int_0^{a_z} g_x(a_x, a_y, z)\,dz,$$
$$f_z(\boldsymbol{a}) = 0$$
とでもとれば，ひとつの解になる．

ヘルムホルツの定理

今度は一般のベクトル場 f について考える．とくに1次の場合
$$f(\boldsymbol{a}) = A\boldsymbol{a}$$
のときには，
$$B = \frac{1}{2}(A+A^t), \quad C = \frac{1}{2}(A-A^t),$$
$$A = B+C, \quad B = B^t, \quad C = -C^t$$
とすると（A^t は A の転置行列），
$$g(\boldsymbol{a}) = B\boldsymbol{a}, \quad h(\boldsymbol{a}) = C\boldsymbol{a}$$
について

$$\mathrm{rot}\,g = 0, \quad \mathrm{div}\,h = 0$$

となる．

▶ベクトル場というのは，各点にベクトルがあるという感じがあるが，点にベクトルが対応しているという意味で，ベクトル値関数のこと．

一般の場合に，このような分解の可能性を考えよう．もしこのようにできれば

$$g = \mathrm{grad}\,\psi, \quad h = \mathrm{rot}\,\varphi, \quad f = g + h$$

となるスカラー・ポテンシャル ψ とベクトル・ポテンシャル φ があるわけで，いわば静電場と静磁場に分離されるわけである．

それには，

$$\mathrm{div}\,f = \mathrm{div}\,g = \mathrm{div}\,\mathrm{grad}\,\psi$$

なので，

$$\Delta = \mathrm{div}\,\mathrm{grad} = \frac{\partial^2}{\partial x^2} + \frac{\partial^2}{\partial y^2} + \frac{\partial^2}{\partial z^2}$$

について

$$\Delta\psi = \mathrm{div}\,f$$

をといて ψ を求め，それから g を作るとよい．

ここで

$$\Delta\psi = \omega$$

というのがポアソン方程式で，これについての分析が「ポテンシャル論」になる．ポテンシャル ψ の勾配というのは，いわば力であり，力の湧き出しというのは，いわば物質にあたることになる（微分して力にしたら $-\frac{1}{r^2}$ になる

ポテンシャルがニュートン・ポテンシャル $\frac{1}{r}$). そこで, 密度分布 w にたいする力 (逆2乗力) のポテンシャルとして

$\phi(x, y, z)$
$$= \frac{-1}{4\pi} \iiint \frac{w(\xi, \eta, \zeta)}{\sqrt{(x-\xi)^2+(y-\eta)^2+(z-\zeta)^2}} d\xi d\eta d\zeta$$

が, ポアソン方程式のひとつの解になる (ただし, 簡単のため, w の分布は有限の範囲とする). ただし, ここでこれをたしかめるのに, ヤッカイなことがある. order を見ると

$$dV = r^2 \sin\theta \, dr \, d\theta \, d\varphi$$

から, この積分のナカミは $O(r)$, 中を微分しても $O(1)$ だが, 2度微分すると $O\left(\frac{1}{r}\right)$ となって, $r \to 0$ のとき積分が収束しないので, Δ と積分の順序交換がそのままはできない. じっさい $r \neq 0$ では,

$$\Delta\left(\frac{1}{r}\right) = \frac{1}{r^2} \frac{d}{dr}\left(r^2 \frac{d}{dr}\left(\frac{1}{r}\right)\right) = 0$$

になってしまう. そこで, $r=0$ のまわりに半径 ε の球 B をクリヌイテ,

$$\Delta\psi = \Delta\left(\frac{-1}{4\pi} \iiint_B \frac{w}{r} dV\right)$$

になる. そこで, 分布が B の上にだけあるとしてよい.

ところで
$$r^2 = (\xi-x)^2+(\eta-y)^2+(\zeta-z)^2$$
については

$$\frac{\partial r}{\partial x} = -\frac{\partial r}{\partial \xi}, \quad \frac{\partial r}{\partial y} = -\frac{\partial r}{\partial \eta}, \quad \frac{\partial r}{\partial z} = -\frac{\partial r}{\partial \zeta}$$

になるので

$$w\frac{\partial}{\partial x}\left(\frac{1}{r}\right) = -w\frac{\partial}{\partial \xi}\left(\frac{1}{r}\right) = -\frac{\partial}{\partial \xi}\left(w\frac{1}{r}\right) + \frac{\partial w}{\partial \xi}\frac{1}{r}$$

なので

$$\frac{\partial \psi}{\partial x} = \frac{1}{4\pi}\iiint_B \frac{\partial}{\partial \xi}\left(\frac{w}{r}\right) d\xi d\eta d\zeta - \frac{1}{4\pi}\iiint_B \frac{\partial w}{\partial \xi}\frac{1}{r} d\xi d\eta d\zeta$$

$$= \frac{1}{4\pi}\iint_{\partial B} \frac{w}{r} d\eta d\zeta - \frac{1}{4\pi}\iiint_B \frac{\partial w}{\partial \xi}\frac{1}{r} d\xi d\eta d\zeta$$

となる．この3重積分の方は，ナカミが $O(r)$ でもう一度微分しても $O(1)$ だから，順序交換ができる．すなわち

$$\Delta\psi = \frac{1}{4\pi}\iint_{\partial B} w\left[\frac{\partial}{\partial x}\left(\frac{1}{r}\right)d\eta d\zeta\right.$$

$$\left. + \frac{\partial}{\partial y}\left(\frac{1}{r}\right)d\zeta d\xi + \frac{\partial}{\partial z}\left(\frac{1}{r}\right)d\xi d\eta\right]$$

$$- \frac{1}{4\pi}\iiint_B \left[\frac{\partial w}{\partial \xi}\frac{\partial}{\partial x}\left(\frac{1}{r}\right) + \frac{\partial w}{\partial \eta}\frac{\partial}{\partial y}\left(\frac{1}{r}\right)\right.$$

$$\left. + \frac{\partial w}{\partial \zeta}\frac{\partial}{\partial z}\left(\frac{1}{r}\right)\right]d\xi d\eta d\zeta$$

となる．この3重積分はナカミが $O(1)$ だから積分は $O(\varepsilon)$ で，$\varepsilon \to 0$ のとき0に収束する．それで結局

$$\Delta\psi = \lim_{\varepsilon\to 0}\frac{1}{4\pi}\iint_{\partial B} w\cdot\left(-\frac{d}{dr}\left(\frac{1}{r}\right)\right)dS$$

$$= \lim_{\varepsilon\to 0}\frac{1}{4\pi\varepsilon^2}\iint_{\partial B} w\, dS$$

$$= w$$

となる．

▶これはつまり、3重積分に関する部分積分を行なって、rに関する order をあげたわけ．

自己批判：たいていのモノノ本には上のようにしてあって、ついこんな書き方をしたが、これは少しイカガワシイ．面積分のところで、$1/r$ が定数 $1/\varepsilon$ なら、それを微分するとはなにごとか？ そもそも球の中心 (x, y, z) について微分するからには、積分領域が変動するわけで、これについての微分が必要な道理ではないか？——じつは、そう思って計算してもできるが、上の計算は、球の中心はたとえば (a, b, c) に固定して、(x, y, z) をたとえば半径 $\varepsilon/2$ の球の中で動かし、(a, b, c) において (x, y, z) に関して微分したのであって、球は動かず、r の方は定数でない．変化する (x, y, z) と固定した (a, b, c) を区別せずに書いているところが、イカガワシサの根源である．

これは、積分と微分の順序交換が問題になる典型例になっている．

ベクトル解析というと、「応用数学」と考えられがちであったが、「微積分の基本定理」という意味でも多変数の解析の基本であり、現代解析学の中核とつながっているのだ．この種の問題を一般の領域（たとえばドーナツ面）で考えることは、今世紀前半の数学の重要な発展のひとつであった．

18. 解析性

テイラー近似とテイラー級数

テイラーの近似
$$f(x) \sim \sum_{k=0}^{n} \frac{f^{(k)}(\alpha)}{k!}(x-\alpha)^k \qquad (x \to \alpha)$$
を,級数
$$f(x) = \sum_{k=0}^{\infty} \frac{f^{(k)}(\alpha)}{k!}(x-\alpha)^k$$
と混同してはいけない.すでにコーシーは
$$f(x) = e^{-\frac{1}{x^2}}$$
について,$f^{(k)}(0)=0$ であって,
$$f(x) = o(x^n) \qquad (x \to 0)$$
という「テイラー近似」が「級数」としての意味を持たないことを注意した.

▶この書き方について,$x=\alpha$, $k=0$ については 0^0 が出てくるので,0次の項はべつに書かねばならないなどと言う超厳密主義者もいる.ぼくは,そんな議論につきあう気は全然ない.

もうひとつ,ガウス分布で偏差の大きな部分を評価する公式に
$$\int_x^{+\infty} \frac{1}{\sqrt{2\pi}} e^{-\frac{t^2}{2}} dt$$

$$= \left[\frac{1}{t}\cdot\frac{-1}{\sqrt{2\pi}}e^{-\frac{t^2}{2}}\right]_x^{+\infty} - \int_x^{+\infty}\frac{1}{t^2}\cdot\frac{1}{\sqrt{2\pi}}e^{-\frac{t^2}{2}}dt$$

$$= \frac{1}{\sqrt{2\pi}}e^{-\frac{x^2}{2}}\cdot\frac{1}{x} - \int_x^{+\infty}\frac{1}{t^2}\cdot\frac{1}{\sqrt{2\pi}}e^{-\frac{t^2}{2}}dt$$

$$= \frac{1}{\sqrt{2\pi}}e^{-\frac{x^2}{2}}\cdot\frac{1}{x} - \left[\frac{1}{t^3}\cdot\frac{-1}{\sqrt{2\pi}}e^{-\frac{t^2}{2}}\right]_x^{+\infty}$$

$$+ \int_x^{+\infty}\frac{3}{t^4}\cdot\frac{1}{\sqrt{2\pi}}e^{-\frac{t^2}{2}}dt$$

$$= \frac{1}{\sqrt{2\pi}}e^{-\frac{x^2}{2}}\left(\frac{1}{x}-\frac{1}{x^3}\right) + \int_x^{+\infty}\frac{3}{t^4}\cdot\frac{1}{\sqrt{2\pi}}e^{-\frac{t^2}{2}}dt$$

$$= \frac{1}{\sqrt{2\pi}}e^{-\frac{x^2}{2}}\left(\frac{1}{x}-\frac{1}{x^3}+\frac{3}{x^5}\right) - \int_x^{+\infty}\frac{5\cdot 3}{t^6}\cdot\frac{-1}{\sqrt{2\pi}}e^{-\frac{t^2}{2}}dt$$

$$= \cdots\cdots\cdots\cdots$$

がある．これも，テイラー近似の形式にすれば

$$e^{1/2x^2}\int_{1/x}^{+\infty}e^{-t^2/2}dt$$
$$\sim x - x^3 + 3x^5 - \cdots + (-1)^n(2n-1)!!\,x^{2n+1} \qquad (x\to 0)$$

となる．しかしながら，$x\neq 0$ について

$$\sum_{n=0}^{\infty}(2n-1)!!\,|x|^{2n+1} = +\infty$$

で，これは発散級数である．

つまり，テイラー近似というのは，有限項で切った整式（多項式）について，$x\to a$ のときの近似を問題にしているだけであって，整級数（べき級数）で書けるかどうか，ということは全然べつの次元の問題である．

事実は，こうなっている．収束する級数

$$f(x) = \sum_{k=0}^{\infty} a_k(x-\alpha)^k$$

で定義できるような関数について，さいわいと

$$a_k = \frac{1}{k!} f^{(k)}(\alpha)$$

が証明される（逆は成立しない）．そして，さらにしあわせなことに，初等関数はふつうの点 α についてこのような整級数表示が可能になる．

そこで，問題は2つのことになる．整級数表示可能な関数（これを解析関数という）についての一般的考察と，初等関数が解析関数であるかどうかの個別的考察とである．

ところでさきに

$$a_k = \frac{1}{k!} f^{(k)}(\alpha)$$

と書いたが，これはじつは，きわめて特別の性質を含んでいるのだ．なぜなら，この数は α の近傍だけで定まる！

n 次の多項式関数は，$(n+1)$ 個の関数値で決定できた．だからもちろん，小区間の範囲での関数値だけで全面的に決定される．このことは，多項式という代数形式に支配されていることによる．解析関数は，多項式でなくて整級数になったが，なおも，いわば《形式性の支配》が貫徹しているのだ！ そして，初等関数はすべて，この範囲に属する．

解析関数

そこで，整級数

$$f(x) = \sum_{k=0}^{\infty} a_k (x-a)^k$$

で定義できる関数について考えよう．ここで

$$\frac{1}{r} = \overline{\lim_{k\to\infty}} |a_k|^{\frac{1}{k}} \neq +\infty$$

の場合を考えよう．この $\overline{\lim}$ を使ったのは，lim が存在しない場合も含めるためで，lim があるなら普通の極限でよい．このとき

$|x-a| < r$ なら

$\overline{\lim\limits_{k\to\infty}} |a_k(x-a)^k|^{\frac{1}{k}} < 1$ で

$$\sum_{k=0}^{\infty} |a_k(x-a)^k| < +\infty$$

$|x-a| > r$ なら

$\overline{\lim\limits_{k\to\infty}} |a_k(x-a)^k|^{\frac{1}{k}} > 1$ で

$$\sum_{k=0}^{\infty} |a_k(x-a)^k| = +\infty$$

となる．この r を収束半径という．いまは，いちおう実変数として言っているが，この議論は複素数についてでもよく，その場合に $|x-a| = r$ は，中心 a で半径 r の円になるからである．すなわち，整級数の一般性質として，収束円の内部では収束し，外部では発散，円周上では収束したり発散したりする．

▶ $\overline{\lim} |c_k|^{\frac{1}{k}} > 1$ なら，$\lim c_k = 0$ とはならないので $\sum |c_k| = +\infty$.
$\overline{\lim} |c_k|^{\frac{1}{k}} < p < 1$ なら，$\sum p^k < +\infty$ より $\sum |c_k| < +\infty$.

ここで，円の内部のコンパクト上では，一様収束になっ

ている．アーベルの定理を用いれば円周上の収束点についてまでの議論も可能である．一様収束については，級数和と微分や積分との順序交換，すなわち「項別微分」「項別積分」の議論が可能である．このとき，

$$\frac{d}{dx}(x-a)^k = k(x-a)^{k-1},$$

$$\int_a^x (x-a)^k dx = \frac{1}{k+1}(x-a)^{k+1}$$

であるが，

$$\lim_{k \to \infty} k^{\frac{1}{k}} = 1$$

より収束半径が不変で

$$f'(x) = \sum_{k=1}^{\infty} k a_k (x-a)^{k-1},$$

$$\int_a^x f(x)\, dx = \sum_{k=0}^{\infty} \frac{a_k}{k+1}(x-a)^{k+1}$$

となる．

たとえば，無限等比級数

$$\frac{1}{1+x} = \sum_{k=0}^{\infty} (-1)^k x^k \qquad (|x|<1)$$

を積分して

$$\log(1+x) = \sum_{k=1}^{\infty} (-1)^{k+1} \frac{x^k}{k} \qquad (|x|<1)$$

がえられる．

▶じつは，$x=1$ のときも収束し，$\log 2 = \sum (-1)^{k+1} \frac{1}{k}$

そこで，解析関数は，その収束円内で何度でも項別微分

ができて収束半径が変わらず
$$f^{(n)}(x) = \sum_{k=n}^{\infty} k(k-1)\cdots(k-n+1)\, a_k(x-a)^{k-n}$$
となるので，$x=a$ として
$$f^{(n)}(a) = n!\, a_n$$
がえられるわけである．

いま，円板
$$B = \{|x-a| < R\}$$
を固定したとき，収束半径 $\geq R$ となる整級数で表示できる関数の族を考えよう．この範囲では微積分が自由にできたわけだが，さらに加法と乗法も可能である．

まず，加法については
$$\sum_{k=0}^{\infty} a_k(x-a)^k + \sum_{k=0}^{\infty} b_k(x-a)^k$$
$$= \sum_{k=0}^{\infty} (a_k+b_k)(x-a)^k$$
と，そのまま足せばよい．しかし，この場合たとえば
$$\left\{x+\frac{1}{1+x}\right\} + \left\{x^2 - \frac{1}{1+x}\right\} = x + x^2$$
のように，収束を妨げる部分がたがいにキャンセルすることが起こりうる．すなわち，f_1 の収束半径が r_1，f_2 の収束半径が r_2 のとき，$r_1 > r_2$ ならば f_1+f_2 の収束半径は r_2 だが，$r_1 = r_2$ のときは f_1+f_2 の収束半径はそれより大きくなることもある．

乗法の方も

$$\sum_{k=0}^{\infty} a_k(x-\alpha)^k \sum_{h=0}^{\infty} b_h(x-\alpha)^h$$
$$= \sum_{n=0}^{\infty} \Big(\sum_{k+h=n} a_k b_h \Big)(x-\alpha)^n$$

がいえる．この場合も

$$\frac{1+x}{1-x} \cdot (1-x)(2+3x) = (1+x)(2+3x)$$

のように，収束を妨げる部分を消すことが起こりうるので，収束半径は大きくなることがある．

解析接続

今まで，固定した収束円について論じてきたが，これでは不自由だ．「解析性」という概念が普遍的に用いられるためには，このことの自由を獲得しなければならない．

まず，$|x-\alpha| < R$ 内に $|x-\beta| < r$ のあるとき

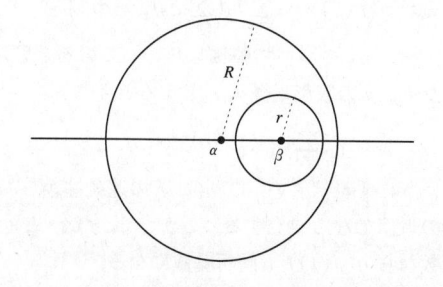

図 18.1

$$\sum_{k=0}^{\infty} a_k(x-\alpha)^k = \sum_{k=0}^{\infty} a_k \sum_{h=0}^{k} \binom{k}{h}(\beta-\alpha)^{k-h}(x-\beta)^h$$

で，β を中心の展開に変換することができる．

そこで一般的に，開領域 D について，D の点 α を中心として，α の近傍で整級数表示の可能な関数のことを，α で解析的であるという．D の各点で解析的な関数のことを，D における解析関数ということにする．このような局所的な定義をしてみると，さきの固定した収束円のときの定義と整合的であるか，ということが問題になる．これは，実解析関数，すなわち実変数で考えていると，じつは整合的にならない．これは困ったことだが，当面は矛盾したまま少しさきへ進もう．いま，

$$f(x) = \sum_{k=0}^{\infty} a_k(x-\alpha)^k, \quad g(y) = \sum_{k=0}^{\infty} b_k(y-a_0)^k$$

とする．このとき

$$g(f(x)) = \sum_{k=0}^{\infty} b_k \left(\sum_{h=1}^{\infty} a_h(x-\alpha)^h \right)^k$$

として，$(x-\alpha)$ について整頓したい．このとき順序交換をするため，g の収束半径を r とするとき

$$\sum_{k=1}^{\infty} |a_k(x-\alpha)^k| < r$$

となるようにすればよい．これは，f の連続性から，α の十分近くの近傍でなら成立する．こうして，$f(x)$ と $g(y)$ が解析関数なら $g(f(x))$ も解析関数になる．

▶ $f(\alpha)=a_0 \neq 0$ のとき，$\dfrac{1}{f(x)}$ の α における解析性も，合成関数

の特別の場合 $y \longmapsto \dfrac{1}{y}$ としてえられる．

逆関数についても
$$f(x) = \sum_{k=0}^{\infty} a_k(x-\alpha)^k, \quad f'(\alpha) = a_1 \neq 0$$
について，f^{-1} が $f(\alpha) = a_0$ を中心として解析的であることがわかる．

このように，局所的性質としての「解析性」の概念がえられる．問題なことは，当面の実変数で考えているかぎり，いまの合成関数や逆関数については，収束半径の問題に関してはなにも判らないことである．それでたとえば，さきの特定の収束円についての議論とはかみあわないわけだ．

それでも，この局所的な解析性をつないでいくことができる．たとえば，無限等比級数
$$\frac{1}{1+x} = 1 - x + x^2 - x^3 + \cdots \quad (|x| < 1)$$
は，$\dfrac{1}{2}$ を中心に変換すると
$$\frac{1}{1+x} = \frac{1}{\dfrac{3}{2} + \left(x - \dfrac{1}{2}\right)} = \frac{2}{3} \cdot \frac{1}{1 + \dfrac{2}{3}\left(x - \dfrac{1}{2}\right)}$$
$$= \frac{2}{3} \cdot \left(1 - \frac{2}{3}\left(x - \frac{1}{2}\right) + \frac{4}{9}\left(x - \frac{1}{2}\right)^2 - \cdots\right)$$
のように展開でき，この半径は
$$\left|\frac{2}{3}\left(x - \frac{1}{2}\right)\right| < 1 \quad \text{i.e.} \quad \left|x - \frac{1}{2}\right| < \frac{3}{2}$$
にまで拡がった．このようなことを続けていくと
$$-1 < x < +\infty$$

まで進む．ただし，実数直線は1次元なので，-1のところのアナをのりこえることができない．

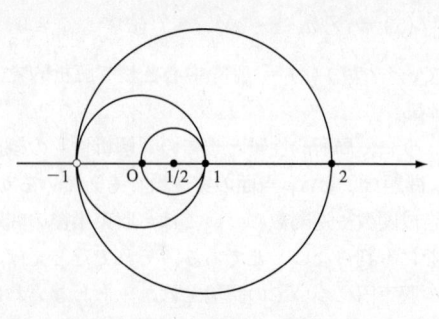

図 18.2

もっとも ∞ の方を回ってくることは考えられる．それは

$$\frac{1}{1+x} = \frac{1}{x}\cdot\frac{1}{1+\frac{1}{x}} = \frac{1}{x} - \frac{1}{x^2} + \frac{1}{x^3} - \cdots \quad (|x|>1)$$

となる．これは，いわば ∞ を中心としての展開である．しかし，

$$\frac{1}{1-x^2} = 1 + x^2 + x^4 + \cdots \quad (|x|<1)$$

のように，± 1と2つもアナがあると，1次元で考えているかぎりでは，もうどうしようもない．

実解析関数の難点

　解析接続にさいして，1つでもアナがあればとびこえられないのは，実数直線が1次元だからだった．これが2次元ならば，アナのまわりを迂回することができる．そのためにガウス平面を利用すると調子がよい，ということは今までの議論でも想像がつく．

　しかし本来，このアナ，つまり整級数展開のできない点のことを特異点というが，特異点は関数の性格の本質を示すものである．《特異点の探究》ということに，「関数論」のひとつの眼目はある．

　いままで，実解析関数を考えるかぎり，局所的に考えた「解析性」と特定の収束円で考えた「解析性」は整合的でないと言った．少し，この事情を見てみよう．

$$\frac{1}{1+x^2} = 1-x^2+x^4-\cdots \qquad (|x|<1)$$

は，収束半径は1である．ところが，この関数は実直線上に特異点はなく，任意の点のまわりで解析的である．つまり，局所的には，直線上の各点で解析的であるという意味で，直線上の解析関数であるにもかかわらず，0を中心として収束半径1である．このような事情がどうして起こるかは，実数だけ見ていてはわからない．分母を0にする点，すなわち i と $-i$ が虚の部分にかくれているのである．このような有理式関数については，分母を0にする点を探そうと思うと，当然複素数で考えねばならないことになる（図18.3）．

図 18.3

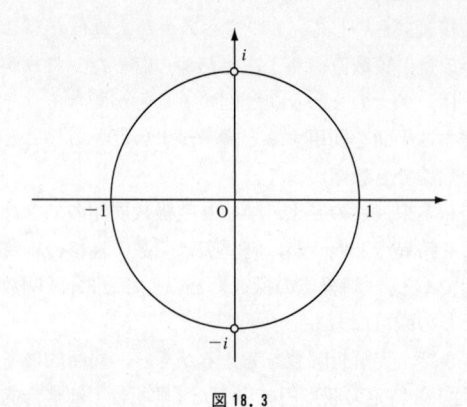

また，合成関数について，$f(x)$ が a のまわりで収束半径 r で，$|f(x)-f(a)|<R$ ($|x-a|<r$)，$g(y)$ が $f(a)$ のまわりで収束半径 R のとき，ちょっと考えると，$g(f(x))$ が $|x-a|<r$ で展開できそうに思える．さきの証明の順序交換の可能性に，全部絶対値をとらねばならないことから，上の考えは誤りなわけだが，その反例は，たとえば次のようなことになる．

$$f(x) = \frac{1}{1+x^2} = 1-x^2+x^4-\cdots \qquad (|x|<1)$$

について

$$f(0) = 1, \quad |f(x)-1|<1$$

となる．そこで，たとえば

$$g(y) = \frac{1}{1-(y-1)} = 1+(y-1)+(y-1)^2+\cdots$$
$$(|y-1|<1)$$

を合成してみよう．このとき

$$g(f(x)) = \frac{1}{1-\left(\dfrac{1}{1+x^2}-1\right)} = 1-x^2\cdot\frac{1}{1+2x^2}$$
$$= 1-x^2+2x^4-4x^6+\cdots \quad \left(|x|<\frac{1}{\sqrt{2}}\right)$$

となる．

ここでの盲点は，実変数だけ考えて，$|f(x)-1|<1$ と考えていることにある．複素数まで考えれば，$|x|<1$ の範囲でも，$\pm i$ の近くへいくと $|f(x)-1|$ はいくらでも大きい値をとれることになる．このことは

$$f(ix) = \frac{1}{1-x^2} = 1+x^2+x^4+\cdots \quad (|x|<1)$$

を考えているのと同じことで，さきの証明でいえば，係数に絶対値をとったことに対応している．

このように，虚の部分に，特異点がかくれてしまう，という点に実解析関数の根本的な難点がある．そこで，解析性についての整合的な理論を展開するためには，複素数の世界を必要とするわけである．そのことは，多項式の根をすべて記述するのに，複素数の世界が必要であったこと（ガウスの基本定理）のある意味での延長上にある．

それにまた，「現代数学」的習慣からは，実解析性というのは少しチュートハンパな概念である．なぜなら，関数の

性質というとき，現在ではたいていその外延として，この性質を持った関数の類，すなわち関数空間を連想する．しかも，関数空間というとき，それ自身がひとつの自立した対象として，線型空間の構造と同時に位相構造，すなわち収束の概念をもったものとして考える．この場合に整合的な収束概念というと，任意のコンパクトの上で一様収束する，という収束概念であるが，このように関数空間としてとりだしてみると，それは複素変数の解析関数の空間と本質的に変らない．

いまは，解析関数の関数空間についての議論をする余裕はないが，複素変数の解析関数の空間というのが実質であって，実解析関数というのは，それの実部分としての仮象としての意味か，実直線の周囲で局所解析関数の空間としての意味しか持ちえない．この意味では「実解析性」というのは「半概念」でしかない．

そこで，複素変数の解析関数についての議論，すなわち「複素関数論」が必要になってくる．その意味で，今までに規定した「解析性」はすべて過渡的なものにすぎない．

局所的に規定される解析性と特異点との関係，それの追究を複素数の世界において行なうこと，それがガウス，コーシー，リーマン，ワイエルシュトラスと続く，19世紀解析学のひとつの基本課題であった．

19. 複素変数関数

複素関数の導関数

▶今回は,「複素変数関数論」の入門的ダイジェスト.

ここでは, 複素数 $z = x+iy$ の関数

$$f : z \longmapsto w$$

を考える. たとえば

$$z \longmapsto z^2, |z|, \bar{z}, \cdots$$

などがある. これは, 実 2 変数 (x, y) の関数とも考えられる. ここで, これを

$$z = x+iy, \quad \bar{z} = x-iy$$

すなわち,

$$x = \frac{1}{2}(z+\bar{z}), \quad y = \frac{1}{2i}(z-\bar{z})$$

で変数変換 (1次変換) して考える. このとき

$$\frac{\partial}{\partial z} = \frac{1}{2}\left(\frac{\partial}{\partial x} - i\frac{\partial}{\partial y}\right), \quad \frac{\partial}{\partial \bar{z}} = \frac{1}{2}\left(\frac{\partial}{\partial x} + i\frac{\partial}{\partial y}\right)$$

であるので, $z \to z_0$ のとき, f は (x, y) に関して微分可能とすると

$$f(z) = f(z_0) + f'_z(z_0) \cdot (z-z_0)$$
$$+ f'_{\bar{z}}(z_0) \cdot (\overline{z-z_0}) + o(|z-z_0|)$$

となる．そこで
$$\frac{f(z)-f(z_0)}{z-z_0} = f'_z(z_0) + f'_{\bar{z}}(z_0)\frac{\overline{z-z_0}}{z-z_0} + o(1)$$
であり，極表示で $z-z_0 = re^{i\theta}$ と書くなら
$$\frac{\overline{z-z_0}}{z-z_0} = e^{-2i\theta}$$
で，これは $r \to 0$ でも θ によって種々の値をとる．

▶ここで，実2次元空間を，複素係数で変換するところはインチキくさい．「しかし，論理的整合性を保つためには，適当に複素化の手続きかなにかを正当化しさえすればよい」「自己の正当化による収拾をはかり，学生対策的に欺瞞を糊塗するためにのみ，論理を悪用する当局の態度を糾弾しなければならない！」

このために
$$\lim_{z \to z_0}\frac{f(z)-f(z_0)}{z-z_0}$$
の存在のための条件は，$f'_{\bar{z}}(z_0) = 0$ で，このとき極限は $f'_z(z_0)$ のことになる．これが複素変数の意味での微分可能性で，それを $f'(z_0)$ と書く．結局，微分可能性とは
$$\frac{\partial f}{\partial \bar{z}} = 0$$
をみたすことになる．これをコーシー-リーマンの微分方程式という．

▶じつは，f の2変数 (x, y) の関数としての微分可能性を，この式から証明することもできる．また
$$\frac{\partial^2}{\partial z\, \partial \bar{z}} = \frac{1}{4}\Delta$$
であるので，2次元のポテンシャルの議論と関係づけることもできる．

ところで，ストークスの定理を用いると，
$$\int_{\partial B} f(dx + i\,dy) = \iint_B i\left(\frac{\partial f}{\partial x} + i\frac{\partial f}{\partial y}\right)dxdy,$$
ここで
$$i\,dxdy = \frac{-1}{2}dzd\bar{z}$$
という変数変換公式を使うなら
$$\int_{\partial B} f\,dz = -\iint_B \frac{\partial f}{\partial \bar{z}}dzd\bar{z}$$
となる．

そこで，B で f が微分可能，すなわち
$$\frac{\partial f}{\partial \bar{z}} = 0$$
のときは
$$\int_{\partial B} f\,dz = 0$$
となるわけである．複素変数の意味で微分可能というのは，このような強い条件の成立を意味することで，実変数の場合とまったく違う．比喩的にいえば，実変数の意味での微分可能性はナメラカサを規制する定性的制約にすぎないが，複素変数の意味での微分可能性はコーシー－リーマンの微分方程式の成立を強制する定量的規定なのである．そして，この方程式の意味を平たくいえば，$\bar{z}$ を使わずに式で表わせる関数，という単純な規定であるともいえる．

▶多変数複素関数については省略したが，多変数も含めての議論については，たとえば梶原壤二『複素函数論』(森北出版)参照．

なお，$w=f(z)$ が微分可能なとき

$$\frac{\partial w}{\partial \bar{z}} = \frac{\partial \bar{w}}{\partial z} = 0$$

より

$$\frac{\partial(w, \bar{w})}{\partial(z, \bar{z})} = \left|\frac{dw}{dz}\right|^2$$

となるので，

$$dw\,d\bar{w} = \left|\frac{dw}{dz}\right|^2 dz\,d\bar{z}$$

となっている．

▶ 14章の変換は $z = w^2$ の変数変換．

複素解析性

いま，B の内部に z_0 があり，$f(z)$ が B で微分可能とすると，$\dfrac{f(z)}{z-z_0}$ は z_0 以外で微分可能となる．そこで，z_0 を中心として半径 r の円を考えると（図 19.1），

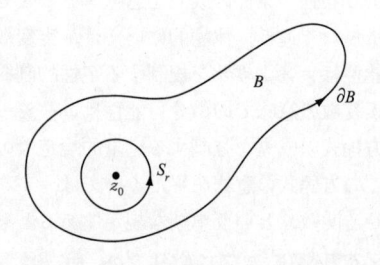

図 19.1

$$\int_{\partial B}\frac{f(z)}{z-z_0}dz = \int_{S_r}\frac{f(z)}{z-z_0}dz$$

となる．ここで，極座標

$$z-z_0 = re^{i\theta}, \quad dz = i(z-z_0)\,d\theta$$

に変換して

$$\int_{S_r}\frac{f(z)}{z-z_0}dz = i\int_0^{2\pi} f(z_0+re^{i\theta})\,d\theta$$

であるので，$r \to 0$ とすると

$$\int_{\partial B}\frac{f(z)}{z-z_0}dz = 2\pi i f(z_0)$$

となる．すなわち，コーシーの公式

$$\frac{1}{2\pi i}\int_{\partial B}\frac{f(z)}{z-z_0}dz = f(z_0)$$

がえられる．ところで，この積分は z_0 に関して微分できるので，一般には

$$\frac{1}{2\pi i}\int_{\partial B}\frac{f(z)}{(z-z_0)^{k+1}}dz = \frac{f^{(k)}(z_0)}{k!}$$

という式がえられることになる．この意味で，複素変数の微分可能性というのは，何回でも微分可能性になってしまう．

このようなことは，積分表示の可能性から来ているが，この $\dfrac{1}{z-z_0}$ は

$$\frac{1}{z-z_0} = \frac{1}{1-\dfrac{z_0-\alpha}{z-\alpha}}\cdot\frac{1}{z-\alpha}$$

$$= \sum_{k=0}^{\infty}\frac{(z_0-\alpha)^k}{(z-\alpha)^{k+1}} \quad \left(\left|\frac{z_0-\alpha}{z-\alpha}\right|<1\right)$$

と，a のまわりに整級数展開ができる．そこで，a を中心とする円 S が B に含まれるとき，円内の点 z_0 について

$$f(z_0) = \frac{1}{2\pi i}\int_S f(z)\sum_{k=0}^{\infty}\frac{(z_0-a)^k}{(z-a)^{k+1}}dz$$

$$= \sum_{k=0}^{\infty}\frac{1}{2\pi i}\int_S \frac{f(z)}{(z-a)^{k+1}}dz \cdot (z_0-a)^k$$

$$= \sum_{k=0}^{\infty}\frac{f^{(k)}(a)}{k!}(z_0-a)^k$$

となって，解析性までが言えてしまう．

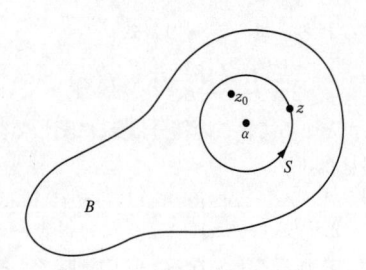

図 19.2

ここで

    f' の存在 $\longrightarrow$ $f^{(k)}$ の存在 $\longrightarrow$ 整級数展開可能

となったのは，f' の存在の中に

$$\frac{\partial f}{\partial \bar{z}} = 0$$

が含まれ，それが積分表示の可能性を導いたことから来ている．このために，複素変数関数についての唯一の整合的

なカテゴリーとしての複素解析性がある．そして f' の非存在だけが整級数展開不能の指標になりうるわけで，このような点すなわち特異点を避けての解析性が保障される．こうして複素数の世界において，実数の世界の住人たちが局所的解析性と収束円との矛盾に悩んだ非整合性は，完全な整合性において眺めうるようになった．

ローラン展開

▶以下，だんだんとダイジェスト的になる．正式に「関数論」を学習するのは「専門課程」になることも多かろうが，教養課程でも概観はつかんでおいた方がよいだろう．

こんどは，a に特異点があったとしよう．このとき a の周囲をくりぬいて（図 19.3），

$$f(z_0) = \frac{1}{2\pi i}\int_{C_2}\frac{f(z)}{z-z_0}dz - \frac{1}{2\pi i}\int_{C_1}\frac{f(z)}{z-z_0}dz$$

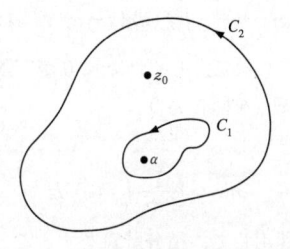

図 19.3

だが，前と同じく

$$\frac{1}{2\pi i}\int_{C_2}\frac{f(z)}{z-z_0}dz = \sum_{k=0}^{\infty}a_k(z_0-\alpha)^k$$

$$a_k = \frac{1}{2\pi i}\int_{C_2}\frac{f(z)}{(z-\alpha)^{k+1}}dz$$

となっている．あとの方の積分についても同様に

$$\frac{1}{z_0-z} = \frac{1}{z_0-\alpha}\cdot\frac{1}{1-\dfrac{z-\alpha}{z_0-\alpha}} = \sum_{k=1}^{\infty}\frac{(z-\alpha)^{k-1}}{(z_0-\alpha)^k}$$

を用いて

$$\frac{-1}{2\pi i}\int_{C_1}\frac{f(z)}{z-z_0}dz = \sum_{k=1}^{\infty}\frac{a_{-k}}{(z_0-\alpha)^k}$$

$$a_{-k} = \frac{1}{2\pi i}\int_{C_1}f(z)(z-\alpha)^{k-1}dz$$

になる．

結局，ローラン展開の公式

$$f(z) = \sum_{k=-\infty}^{+\infty}a_k(z-\alpha)^k$$

$$a_k = \frac{1}{2\pi i}\int_C f(z)(z-\alpha)^{-k-1}dz$$

がえられることになる．とくに $k<0$ が有限個で切れるときは，この特異点を極という．

ここで

$$a_{-1} = \frac{1}{2\pi i}\int_C f(z)\,dz$$

となることを利用して，積分計算をすることができる．

▶コーシーの意図のひとつは，定積分計算にあったといわれる．

有名な例をひとつあげれば,

$$\int_r^R \frac{e^{ix}}{x}dx + \int_{C_R}\frac{e^{iz}}{z}dz + \int_{-R}^{-r}\frac{e^{ix}}{x}dx + \int_{C_r}\frac{e^{iz}}{z}dz = 0$$

で,

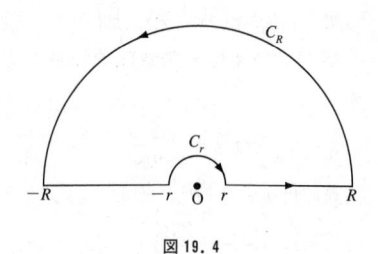

図 19.4

$$\lim_{R \to +\infty}\int_{C_R}\frac{e^{iz}}{z}dz = 0, \quad \lim_{r \to 0}\int_{C_r}\frac{e^{iz}}{z}dz = -\pi i$$

$$\int_r^R \frac{e^{ix}}{x}dx + \int_{-R}^{-r}\frac{e^{ix}}{x}dx = 2i\int_r^R \frac{\sin x}{x}dx$$

から

$$\int_0^{+\infty}\frac{\sin x}{x}dx = \frac{\pi}{2}$$

が計算できる.

▶これらの極限には不等式評価が必要となるが省略.

特殊な定積分計算をするのに,複素積分を用いるのは,普遍的な方式のひとつであり,そのために必要なことは特異点のまわりの積分,いまの場合なら

$$\frac{1}{2\pi i}\int_{|z|=r}\frac{e^{iz}}{z}dz = 1$$

および，その他の不要な部分を評価して極限計算をしなければならない．その種の計算練習は「関数論」の応用演習の中心部分のひとつになっている．

関数にとって，《特異点の情況》は本質的な役割を果たし，ローラン展開でいえば分数式の項が基本的意味を持つ．たとえば

$$\cot z = \frac{\cos z}{\sin z}$$

について，特異点は $k\pi$ であり，そのまわりで

$$\cot z = \frac{1}{z-k\pi}+O(1) \qquad (z\to k\pi)$$

となる．このことから，$\cot z$ の「無限部分分数展開」が可能になる．ただし，

$$\sum_{k=1}^{\infty}\frac{1}{|z-k\pi|}=+\infty, \quad \sum_{k=1}^{\infty}\left|\frac{2z}{z^2-k^2\pi^2}\right|<+\infty$$

だから，$k\pi$ の項と $-k\pi$ との項を集めて収束級数の形にして

$$\cot z = \frac{1}{z}+\sum_{k=1}^{\infty}\frac{2z}{z^2-k^2\pi^2}$$

ということになる．一般には，このほかに整式部分がつく可能性があるわけだが，それが 0 になることが，$z\to\infty$ の様子をしらべれば確認できる（といってここに書かないのは，「関数論」の本格的展開をしていない現在，確認を実際にするのがメンドーなのである）．

さらに、これを形式的に不定積分すると

$$\log \sin z = \log z + \sum_{k=1}^{\infty} \log(z^2 - k^2\pi^2) + C$$

になる。「形式的」と書いたのは、このままでは級数が収束しないからである（じつは、一様収束級数の積分だから、$\log(z^2-k^2\pi^2)$ に積分定数の項がつくことによって収束するようになっている）。むしろ、無限積の形にした方が見やすいので、そちらに直すと

$$\sin z = az \prod_{k=1}^{\infty} \left(1 - \frac{z^2}{k^2\pi^2}\right)$$

となる。ここで

$$\sum_{k=1}^{\infty} \frac{|z|^2}{k^2\pi^2} < +\infty$$

で、この無限積は収束している。ここで

$$\frac{\sin z}{z} = a \prod_{k=1}^{\infty} \left(1 - \frac{z^2}{k^2\pi^2}\right)$$

で $z \to 0$ として、$a=1$ がわかる。すなわち

$$\sin z = z \prod_{k=1}^{\infty} \left(1 - \frac{z^2}{k^2\pi^2}\right)$$

という、整関数 $\sin z$ の「無限因数分解」がえられたわけである。

整級数展開することによって、整式の一般化としての解析関数を複素数の世界において整合的に理解しようというのが、「関数論」であったからには、整式の理論の構成部分であった整式の「因数分解」や分数式の「部分分数展開」が、このような形で展開されるわけである。それを、組織

リーマン面

今まで，1価関数のみを考えてきた．ところが，たとえば
$$w = z^2$$
で，$|z|=1$ は $|w|=1$ にうつるが，円 $|z|=1$ を1回転する間に，円 $|w|=1$ の方は2回転する．そこで，逆関数
$$z = \sqrt{w}$$
を考えるには，円を二重にしておくと，z の方の円と w の方の二重に捲いた円とが，1対1に対応することになる．円のまわりを拡げると，図 19.5 のようになる．これは，いわば
$$r < |w| < r'$$
を二重に捲いた様子を，少し歪めて3次元空間で書いてみたわけだが，ここで $r \to 0$, $r' \to +\infty$ にしたら，もう歪めたぐらいでは書くこともできないが，想像することはできるだろうし，ナンテール調でいうなら「想像力が数学的対象を構成する」こともできるだろう．これが $\sqrt{w}$ のリーマ

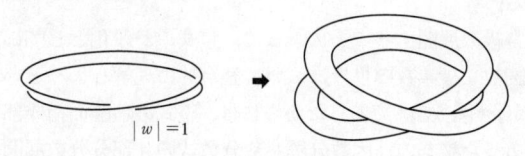

図 19.5

ン面である．この場合，$w=0$ が特異点で，この点のまわりが二重になっているので，これを分岐点という．

さきに，log を形式的に使っているが，この場合も
$$w = e^z, \quad z = \log w$$
において，$w=0$ が分岐点になっている．

極座標を用いて
$$w = re^{i\theta}, \quad r > 0$$
と書くとき
$$z = \log r + i\theta$$
とすればよさそうなものだが，この θ が周期 2π での不確定性がある．

この場合は，$|w|=1$ は，いわば螺旋状に無限に捲いているわけで，
$$r < |w| < r'$$
については，無限螺旋階段を考えればよい．ここで，$r \to 0$，$r' \to +\infty$ にした極限，これが $\log w$ のリーマン面であ

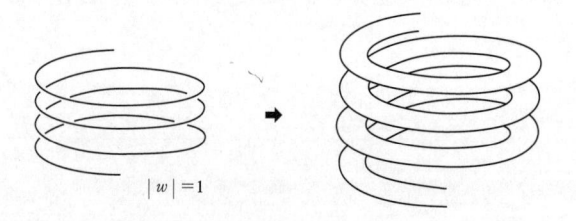

図 19.6

る.

さきに，$\log \sin z$ とか $\log z$ とか書いたのは，この螺旋階段の上を動いている，と解釈すればよい．

実変数の範囲の積分公式に

$$\int \frac{dx}{x} = \log|x| + C$$

なんて書いてあることがあるが，実変数だと $x=0$ にアナがあって接続できないのだから，$x>0$ と $x<0$ とを同じ公式で表現するのはナンセンスである．複素数まで考えれば

$$\int \frac{dx}{x} = \log x + C$$

にしておいて，$x<0$ については

$$\log x = \log|x| \pm \pi i$$

という含みにしておいた方がまだしも合理的である．

複素数の世界を考えることは，代数方程式についての完結した世界を与えた．そしてそれは，整式にとどまらず，解析関数なかでも指数関数や三角関数のような初等関数について，完結した世界を与えることにもなったわけである．

20. フーリエ級数

フーリエ級数の枠組

▶サボリのための,「フーリエ級数論」案内.

整級数で, 収束円上の状態を考えようとすると

$$f(\theta) = \sum_n c_n e^{in\theta}$$

の問題になる. ところが, これは別の流れから数学に登場してきた. 実形式にすると

$$\sum_{n=-\infty}^{+\infty} c_n e^{in\theta} = \sum_{n=-\infty}^{+\infty} c_n(\cos n\theta + i \sin n\theta)$$

$$= c_0 + \sum_{n=1}^{\infty}((c_n + c_{-n})\cos n\theta + i(c_n - c_{-n})\sin n\theta)$$

となるので

$$a_n = c_n + c_{-n}, \quad b_n = i(c_n - c_{-n}),$$

逆にいえば

$$c_n = \frac{a_n - ib_n}{2}, \quad c_{-n} = \frac{a_n + ib_n}{2}$$

として

$$\sum_{n=-\infty}^{+\infty} c_n e^{in\theta} = \frac{a_0}{2} + \sum_{n=1}^{\infty}(a_n \cos n\theta + b_n \sin n\theta)$$

である.

20. フーリエ級数

　これがフーリエ級数で，弦の振動や熱伝導の解析のために考えられ始めたもので，それは円周上の固有関数展開の問題になる．有限次元の線型空間で固有値問題があるが，それは元来，関数空間の固有値問題と関連しながら発生したもので，いわば「無限次元解析幾何」としての「フーリエ級数論」がある．

　▶以下，有限次元と比較せよ．

　円周上で定義された関数について考える．ただ「関数」というだけでは，微分したり積分したりができないが，最初は規定すべき条件を明確にしないでおく．これは

$$f: \theta \longmapsto f(\theta) \quad (-\pi \leq \theta \leq \pi),$$
$$f(-\pi) = f(\pi)$$

といってもよいが，円周上の関数と考えておいた方がよい．ここで

$$f(\theta) + g(\theta), \quad cf(\theta)$$

が考えられるので，線型空間の構造を持っている．ここで，内積を

$$(f, g) = \int_{-\pi}^{\pi} f(\theta)\overline{g(\theta)}\, \frac{d\theta}{2\pi}$$

ときめる．$\frac{1}{2\pi}$ はべつになくてもよいが，まあ形を整えるためだけ．

　ここで

$$\frac{1}{i}\frac{d}{d\theta}: f \longmapsto \frac{1}{i}f'$$

という変換を考えると

$$\left(\frac{1}{i}f', g\right) = \int_{-\pi}^{\pi} \frac{1}{i} f'(\theta) \overline{g(\theta)} \frac{d\theta}{2\pi}$$

$$= \left[\frac{1}{i}f(\theta)\overline{g(\theta)} \frac{1}{2\pi}\right]_{-\pi}^{\pi} - \int_{-\pi}^{\pi} \frac{1}{i} f(\theta) \overline{g'(\theta)} \frac{d\theta}{2\pi}$$

$$= \int_{-\pi}^{\pi} f(\theta) \frac{1}{i} \overline{g'(\theta)} \frac{d\theta}{2\pi} = \left(f, \frac{1}{i}g'\right)$$

となって,エルミート変換になる.

▶有限次元の場合の内積は

$$(\boldsymbol{a}, \boldsymbol{b}) = \sum_{k} a_k \overline{b_k}$$

で,線型変換 $A: \boldsymbol{x} \longmapsto A\boldsymbol{x}$ がエルミート変換であるとは

$$(A\boldsymbol{x}, \boldsymbol{y}) = (\boldsymbol{x}, A\boldsymbol{y})$$

のこと.

ここで,エルミート変換の固有値問題を考えると

$$\frac{1}{i}\frac{d}{d\theta}f = \lambda f$$

となるような f(固有関数)に対応する λ(固有値)は実数でなければならない.実際,この微分方程式の解は(定数倍を無視して)

$$f(\theta) = e^{i\lambda\theta}$$

であるが,これが

$$f(-\pi) = f(\pi)$$

となるのは,λ が整数の場合にかぎる.すなわち,固有値は整数 n で,固有関数として

$$\frac{1}{i}\frac{d}{d\theta}e_n = ne_n$$

の解

$$e_n(\theta) = e^{in\theta}$$

がえられる．

▶ 有限次元の場合は，$Ax=\lambda x$ の固有値 λ_n にたいする固有ベクトル e_n で $Ae_n=\lambda_n e_n$ となる．

この場合，固有関数はたがいに直交する．すなわち，$n \neq m$ にたいし

$$(e_n, e_m) = 0$$

である．念のためにくりかえしておくと

$$n(e_n, e_m) = \left(\frac{1}{i}e_n', e_m\right) = \left(e_n, \frac{1}{i}e_m'\right) = m(e_n, e_m)$$

からえられる．ついでに

$$(e_n, e_n) = \int_{-\pi}^{\pi} \frac{d\theta}{2\pi} = 1$$

になっている（このために $\frac{1}{2\pi}$ をつけておいた）．

ここで，e_n が十分たくさんあって

$$f = \sum_{n=-\infty}^{+\infty} c_n e_n$$

とできたとして，

$$(f, e_m) = \sum_{n=-\infty}^{+\infty} c_n (e_n, e_m) = c_m$$

となるので，f の座標系 (e_n) による展開で，座標成分 c_n がえられることになる．

▶ 有限次元については $x = \sum_n c_n e_n$, $(x, e_n) = c_n$.

そして，とくに

$$\frac{1}{i}\frac{d}{d\theta}f = \sum_{n=-\infty}^{+\infty} c_n \frac{1}{i}\frac{d}{d\theta}e_n = \sum_{n=-\infty}^{+\infty} n c_n e_n$$

より

$$\times n : c_n \longmapsto n c_n$$

という変換が, 数列 $\{c_n\}$ の世界では対応していることになった.

形式的にまとめると

$$c_n = \int_{-\pi}^{\pi} f(\theta) e^{-in\theta} \frac{d\theta}{2\pi}$$

として

$$f(\theta) = \sum_{n=-\infty}^{+\infty} c_n e^{in\theta}$$

ということになる.

「フーリエ級数論」の矛盾

ところで, 今までの枠組を「数学的理論」として構築しようとすると, 案外にメンドーである. 級数の収束とか, 極限の順序交換とかいった問題が出てくるからである. たとえば

$$(f, e_m) = c_m$$

でも

$$\int_{-\pi}^{\pi} \sum_{n=-\infty}^{+\infty} c_n e^{in\theta} e^{-im\theta} \frac{d\theta}{2\pi} = \sum_{n=-\infty}^{+\infty} c_n \int_{-\pi}^{\pi} e^{in\theta} e^{-im\theta} \frac{d\theta}{2\pi}$$

のところで順序交換をしているのである. フーリエの頃はまあこのあたりをオオラカにやっていたのだが, その「理論構築」は案外にメンドーだった. むしろある意味では, 19世紀以後の解析学の発展にとって, このメンドーさが原動力とさえなった.「集合論」も「測度論」も「超関数論」も, この原動力の産み出したものである.

ここで，収束概念を考えるのに，「無限次元解析幾何」として考えるなら，ピタゴラス型の距離概念で，

$$\|f\|_2 = \left(\int_{-\pi}^{\pi}|f(\theta)|^2 \frac{d\theta}{2\pi}\right)^{\frac{1}{2}}$$

によって

$$\lim_{n\to\infty}\|f_n-f\|_2 = 0$$

i.e. $\lim_{n\to\infty}\int_{-\pi}^{\pi}|f_n(\theta)-f(\theta)|^2 \frac{d\theta}{2\pi} = 0$

を使うのが，今までの枠組にふさわしい．これは平均収束であって

$$\underset{n\to\infty}{\text{l.i.m.}} f_n = f$$

と書くこともある．

▶ limit in mean で，l.i.m. とシャレタわけ．

この収束を考えるかぎりでは，対象とする関数については，平均収束の意味でフーリエ級数表示できる関数の族を考えるべきことになる．ところが，これでは連続関数の枠よりもはみ出す．それは，ある意味で

$$\int_{-\pi}^{\pi}|f(\theta)|^2 \frac{d\theta}{2\pi} < +\infty$$

となるものを考えればよいのだが，今まで考えてきたリーマンの積分が一様収束による近似から考えてきたものであり，そのかぎりでは本質的には連続関数の枠内であったのに，ここでは「平均収束による近似」として積分を考えねばならない．これが，可測関数に関するルベーグの積分で

ある．ここで「ルベーグ積分論」を展開する気はないが，いちおう，これが「フーリエ級数論」の枠として，設定されることは自然なことだろう．そしてそのかぎりで

$$\int_{-\pi}^{\pi}|f(\theta)|^2 \frac{d\theta}{2\pi} = \sum_{n=-\infty}^{+\infty}|c_n|^2$$

となり，

$$f(\theta) \longleftrightarrow c_n$$

という座標表示による対応がつく．

▶この証明はいろいろあるが，たとえば連続関数の整式近似を使ったりして証明する．簡単でないから省略する．(ズルイゾ！)

これが，有名なヒルベルト空間である．ヒルベルト空間といえば，今では単に（有限次元とかぎらない）ユークリッド空間ぐらいに理解されたりもするが，歴史的にはフーリエ級数の枠組の設定を一般化して「積分方程式論」が展開されるなかで作られ，量子力学の基礎として有名になった．それは，初期量子論で，f の世界のことを c の世界に翻訳して事情を明らかにしていたのが，この対応関係の中で定式化されるべきものとして，「量子力学」が考えられたからである．

ところが，平均収束の範囲で議論を進めることは，微分作用素の固有値問題の出発点としての発生からは，矛盾である．なぜなら，微分演算をするためには，一様収束でなければならないからである．この最初の発生からいえば，f としてはなめらかな関数で，収束は

$$u\text{-}\lim_{n\to\infty} f_n = f, \qquad u\text{-}\lim_{n\to\infty} f_n' = f'$$

がふさわしいはずだった.

つまり,ヒルベルト空間としての枠組からいえば

　　　可測関数と平均収束,

微分作用素という方からいえば

　　　連続関数と一様収束

というように,「フーリエ級数論」は矛盾にひきさかれている,ともいえる.この点では,円満具足な「整級数論(解析関数論)」と反対である.それは,整級数

$$f(z) = \sum_{k=0}^{\infty} c_k (z-a)^k$$

については

$$c_k = \frac{f^{(k)}(a)}{k!}$$

と局所的に規定されたのにたいし,フーリエ級数の方の

$$c_n = \int_{-\pi}^{\pi} f(\theta) e^{-in\theta} \frac{d\theta}{2\pi}$$

は大局的な平均値であって,不連続性を許容してしまうことによる.「集合論」の出発点は,関数の不連続点の集合の分析にあった.

この場合,ひとつの途は,関数に制限を加えて,「古典的フーリエ級数論」として,精緻な数学的事実を獲得することにある.もうひとつは,不連続関数あるいは通常の意味での関数表示できないものに微分概念を拡張していく,「超関数論」の途である.いずれにしても《矛盾はよいこと》であって,ここでも矛盾が数学を発展させているのだ——ナンテいうと毛沢東語録みたいだが.

たとえば，f' が連続なら f のフーリエ級数が一様収束することは，たいてい「フーリエ級数論」の最初に書いてあるが，そのカラクリは

$$f(\theta) = \sum_{n=-\infty}^{+\infty} c_n e^{in\theta}, \quad f'(\theta) = \sum_{n=-\infty}^{+\infty} d_n e^{in\theta}$$

とすると

$$d_n = inc_n$$

なので，

$$\left| \sum_{|n| \geq N} c_n e^{in\theta} \right| = \left| \sum_{|n| \geq N} \frac{1}{in} d_n e^{in\theta} \right|$$

$$\leq \left(\sum_{|n| \geq N} \frac{1}{n^2} \right)^{\frac{1}{2}} \left(\sum_{|n| \geq N} |d_n|^2 \right)^{\frac{1}{2}}$$

で一様収束するわけだ．直接的証明はどの本にでも書いてある（またサボッタ！）．

波動方程式

今まで高踏的でザツな議論を進めて来たので，ここでパッと話を具体化して，フーリエ級数の使われた最初の例（D. ベルヌイ）である，両端を固定した弦の振動を解析してみよう．

簡単のため，係数などを単純化して

$$\frac{\partial^2 u}{\partial t^2} = \frac{\partial^2 u}{\partial x^2}, \quad u(t, 0) = u(t, \pi) = 0$$

を考える．これは，$0 \leq x \leq \pi$ で，両端を固定した弦が，波の速度1のときの，時刻 t における位置 x での変位 u をあらわす．

この問題は，線型な境界値問題であることに注意しておこう．一般にいえば

$$au''_{xx} + 2bu''_{xy} + cu''_{yy} + 2du'_x + 2eu'_y + fu = 0$$

のように，u''_{xx} などの1次式になっていて，境界条件の方も

$$\alpha u(0) + \beta u'_x(0) = 0, \quad \gamma u(l) + \delta u'_x(l) = 0$$

のような1次関係であることだ．この場合，u_1 と u_2 が解ならば，$c_1 u_1 + c_2 u_2$ も解であるという《重ね合わせの原理》が成立する．

そこで，u をとくために

$$u = \sum_n c_n v_n \otimes w_n$$

の形に分解して，$v \otimes w$ の形の解を求めればよいことになる．ただし，有限和までは線型性でよいが，無限和にするところでは収束の問題が加わる．しかし，このあたりは18世紀にもどってオオラカにいこう．

▶ $u = v \otimes w$ とは $u(t, x) = v(t) w(x)$ の意味（テンソル積）．

$$u''_{tt} = v'' w, \quad u''_{xx} = v w''$$

だから，この場合の方程式は

$$v'' w = v w'', \quad w(0) = w(\pi) = 0$$

となる．ここで

$$\frac{v''}{v} = \frac{w''}{w}$$

は，左辺からみると t だけの関数，右辺から見ると x だけの関数だから，結局，定数 λ になる．すなわち

$$w'' = \lambda w, \quad w(0) = w(\pi) = 0$$

という，常微分方程式の境界値問題になる．

これは

$$-\frac{d^2}{dx^2} = \left(\frac{1}{i}\frac{d}{dx}\right)^2$$

の固有値問題だからフーリエ級数を実数形で考えているわけで，境界条件の方は

$$\varphi_1(x) = \frac{\varphi(x)+\varphi(-x)}{2}, \quad \varphi_2(x) = \frac{\varphi(x)-\varphi(-x)}{2},$$

$$\varphi = \varphi_1 + \varphi_2$$

と，関数を偶関数部分と奇関数部分にわけたときの奇関数部分だけを考えるのにあたる．そこで，固有値は $-n^2$ で

$$w'' = -n^2 w, \quad w(0) = w(\pi)$$

の解として

$$w = \sin nx$$

になる．このとき

$$v = a \cos nt + b \sin nt$$

だから，結局

$$u = \sum_{n=1}^{\infty} (a_n \cos nt + b_n \sin nt) \sin nx$$

という形の解がえられる．

ここで，構成部分の $v \otimes w$ については

$$a = A \cos \alpha, \quad b = A \sin \alpha$$

とすると

$$a \cos nt + b \sin nt = A \cos(nt - \alpha)$$

であって，

$$v \otimes w = A\cos(nt-a)\sin nx$$

というのは，n 等分点に節のできる弦の固有振動を意味する．ギリシア時代にピタゴラスの作った音階の理論に，ここに再会したわけだ．そして，固有振動の合成として一般の振動を記述すること，これが固有関数展開だったわけである．

さらに

$$u'_t = \sum_{n=1}^{\infty}(-na_n\sin nt + nb_n\cos nt)\sin nx$$

なので，初期条件

$$u(0, x) = f(x), \quad u'_t(0, x) = g(x)$$

のあるときなら

$$\sum_{n=1}^{\infty} a_n \sin nx = f(x), \quad \sum_{n=1}^{\infty} nb_n \sin nx = g(x)$$

である．フーリエ級数の係数の公式をこの実形式に直すと

$$a_n = \frac{2}{\pi}\int_0^{\pi} f(x)\sin nx\, dx,$$

$$b_n = \frac{2}{n\pi}\int_0^{\pi} g(x)\sin nx\, dx$$

になっている．具体的に f や g の与えられたときなら，この積分計算を実行してフーリエ級数を求めるわけだ（フーリエ級数演習）．

いまは，1次元の波について考えたが，シカクイ太鼓があったら，2次元の振動についてフーリエ級数を二重級数で考えればよい．ところが，あいにくなことには，たいていの太鼓はマルイ．この場合，2次元で

$$\frac{\partial^2 u}{\partial t^2} = \frac{\partial^2 u}{\partial x^2} + \frac{\partial^2 u}{\partial y^2}$$

について，極座標で

$$\Delta = \frac{1}{\rho^2}\frac{\partial}{\partial \varphi^2} + \frac{1}{\rho}\frac{\partial}{\partial \rho}\left(\rho\frac{\partial}{\partial \rho}\right)$$

になり，回転部分についてはフーリエ展開で間に合うが，径部分についてはベッセル展開が登場する．

さらに3次元になると（この本が読まれるのも，3次元の電磁波（光）のおかげだ），径部分についてのベッセル展開ばかりか，緯度部分にルジャンドル展開が必要になる．

微分作用素の固有関数展開，その一般原理の定式化は20世紀前半に属するが，その原型はフーリエ展開にあるので，ここで概略をスケッチしたわけである．

21. フーリエ変換と超関数

フーリエ級数とフーリエ積分

▶今回も少しザツだが「現代解析学」のムードを味わっていただきたい.

まず,手はじめに,極限の出てこない有限の巡回群の場合から始める.位数 N の巡回群については,巡回方程式
$$z^N - 1 = 0$$
の N 個の根
$$z = e^{i\frac{2n}{N}\pi}, \quad 0 \leq n \leq N-1$$
で表現される.ここで
$$n \neq 0 \quad \text{について} \quad \sum_{k=0}^{N-1} z^k = 0$$
より
$$\frac{1}{N}\sum_{k=0}^{N-1} e^{i\frac{2kn}{N}\pi} e^{-i\frac{2km}{N}\pi} = \begin{cases} 1 & (n = m) \\ 0 & (n \neq m) \end{cases}$$
となる.そこで
$$b(n) = \frac{1}{N}\sum_{k=0}^{N-1} a(k) e^{-in\frac{2k\pi}{N}}$$
とするとき
$$a(k) = \sum_{n=0}^{N-1} b(n) e^{in\frac{2k\pi}{N}}$$

となる．ここで
$$a(k) \longleftrightarrow b(n)$$
という対応がある．この形では，一方だけに $\frac{1}{N}$ があってサベツされているので，$\frac{1}{\sqrt{N}}$ に均分することもあるが，まあそれはよいことにしよう．

ここで，位数を $2N+1$ にして
$$b(n) = \frac{1}{2\pi} \sum_{k=-N}^{N} a(k) e^{-in\frac{2k\pi}{2N+1}} \frac{2\pi}{2N+1}$$
$$a(k) = \sum_{n=-N}^{N} b(n) e^{in\frac{2k\pi}{2N+1}}$$
の形にしておいて，
$$N \to \infty, \quad \frac{2k\pi}{2N+1} \to x$$
とすると（収束のことなどをゴチャゴチャいわぬことにして），フーリエ級数の形
$$c(n) = \frac{1}{2\pi} \int_{-\pi}^{\pi} f(x) e^{-inx} dx$$
$$f(x) = \sum_{n=-\infty}^{+\infty} c(n) e^{inx}$$
になる．そこで
$$f(x) \longleftrightarrow c(n)$$
という対応が作られたわけである．実際に，フーリエ展開可能の証明に，この方式をとる方法もある．さて，周期 2π を一般に $2l$ に変換すると
$$c(n) = \frac{1}{2l} \int_{-l}^{l} f(x) e^{-in\frac{\pi x}{l}} dx$$

$$f(x) = \sum_{n=-\infty}^{+\infty} c(n) e^{in\frac{\pi x}{l}}$$

あるいは，係数の方を動かして

$$c(n) = \frac{1}{2\pi} \int_{-l}^{l} f(x) e^{-i\frac{n\pi}{l}x} dx$$

$$f(x) = \sum_{n=-\infty}^{+\infty} c(n) e^{i\frac{n\pi}{l}x} \frac{\pi}{l}$$

となる．ここで，ふたたび

$$l \to +\infty, \quad \frac{n\pi}{l} \to \xi$$

とすると，

$$g(\xi) = \frac{1}{2\pi} \int_{-\infty}^{+\infty} f(x) e^{-i\xi x} dx$$

$$f(x) = \int_{-\infty}^{+\infty} g(\xi) e^{i\xi x} d\xi$$

となる．これがフーリエ積分である．ここでも，$\frac{1}{2\pi}$ を $\frac{1}{\sqrt{2\pi}}$ ずつに均分する方が形はよい．この場合は

$$f(x) \longleftrightarrow g(\xi)$$

の対応がえられたことになる．

これ自体，固有値問題と考えられるが，フーリエ級数の場合とは，いくつかの点が異なっている．無限区間であるので

$$\lim_{x \to \pm\infty} f(x) = 0, \quad \int_{-\infty}^{+\infty} |f(x)|^2 dx < +\infty$$

ぐらいの条件をつけよう．内積の方は，

$$(f, g) = \frac{1}{2\pi} \int_{-\infty}^{+\infty} f(x) \overline{g(x)} \, dx$$

を考えればよいだろう．ここでも，

$$\frac{1}{i}\frac{d}{dx}: f \longmapsto \frac{1}{i}f'$$

はエルミート変換である．

ところが，ここで固有関数は

$$\frac{1}{i}\frac{de_\xi}{dx} = \xi e_\xi, \quad e_\xi(x) = e^{i\xi x}$$

で，固有値 ξ の方は連続的に現われる．これは，フーリエ級数のときのように固有値がポツポツと現われる（離散スペクトル）のと違って，連続スペクトルといわれる現象が生じているのである．

それに

$$\lim_{x \to \pm\infty} |e^{i\xi x}| = 1, \quad \int_{-\infty}^{+\infty} |e^{i\xi x}|^2 dx = +\infty$$

であって，固有関数がハミダシている．

さらに直交関係

$$\frac{1}{2\pi}\int_{-\infty}^{+\infty} e^{i\xi x} e^{-i\eta x} dx = \delta(\xi - \eta)$$

というのを別の意味に考えねばならない．フーリエ級数のときは

$$\delta(n) = \begin{cases} 1 & (n = 0) \\ 0 & (n \neq 0) \end{cases}$$

を使って $\delta(n-m)$ を考えればよかった（ふつうは，クロネッカーにしたがって，δ_{nm} とかく）．

この方は，形式的に積分の順序交換を考えると

$$(f, e_\xi) = \frac{1}{2\pi} \int_{-\infty}^{+\infty} f(x) e^{-i\xi x} dx$$

$$= \frac{1}{2\pi} \int_{-\infty}^{+\infty} dx \int_{-\infty}^{+\infty} g(\eta) e^{i\eta x} e^{-i\xi x} d\eta$$

$$= \frac{1}{2\pi} \int_{-\infty}^{+\infty} d\eta \int_{-\infty}^{+\infty} g(\eta) e^{i\eta x} e^{-i\xi x} dx$$

$$= \int_{-\infty}^{+\infty} g(\eta) \delta(\xi - \eta) d\eta$$

となる．そこで，$\delta(\eta-\xi)$ の方は「関数」としての意味を持たないが，

$$\int_{-\infty}^{+\infty} g(\eta) \delta(\xi-\eta) d\eta = g(\xi)$$

として，積分してはじめて意味の出る「超関数」として考えられることになる．この関数は，ディラックが量子力学の定式化に使ったので，ディラックの δ 関数として有名になったものだが，質点 ξ だけに質量1をおいた点測度による積分としては，もちろん以前からも用いられていたわけで，それを「関数」なみに計算のレールにのせることに「超関数」といわれる意味があるわけである．

フーリエ級数の方でも，

$$\sum_{n=-\infty}^{+\infty} e^{inx} e^{-iny} = \delta(x-y)$$

としておくと

$$\sum_{n=-\infty}^{+\infty} c(n) e^{inx} = \sum_{n=-\infty}^{+\infty} \frac{1}{2\pi} \int_{-\pi}^{\pi} f(y) e^{-iny} dy \, e^{inx}$$

$$= \frac{1}{2\pi} \int_{-\pi}^{\pi} f(y) \delta(x-y) dy = f(x)$$

となる．さきの有限の場合も，この場合も，離散的であるので，差分作用素の固有関数展開と考えることもできる．

ようするに，

　　　N 位の巡回群どうし；

　　　円周の回転群と整数の加法群；

　　　実数の加法群どうし

というように，対象はいろいろであったが，双方を《双対的》に考えて，一方の世界と他方の世界との変換を，「ヒルベルト空間」的枠組で処理することができるというわけだ．もっと一般的に論ずることもあるが，これがフーリエ変換である．

たたみこみ (convolution)

ただ，2つの世界が対応するだけでは意味がない．一方の世界での法則が他方の世界の法則に移されたときに，それが見やすい形になるのでなければ，効果はない．

いま，フーリエ級数

$$f(x) = \sum_{n=-\infty}^{+\infty} a(n) e^{inx}, \quad g(x) = \sum_{n=-\infty}^{+\infty} b(n) e^{inx}$$

について，積 fg を計算してみよう．収束の問題をタナアゲして論ずることにして

$$f(x)g(x) = \sum_{n=-\infty}^{+\infty} a(n) e^{inx} \sum_{m=-\infty}^{+\infty} b(m) e^{imx}$$
$$= \sum_{l=-\infty}^{+\infty} \sum_{n+m=l} a(n) b(m) e^{ilx}$$

となる．すなわち

$$c(l) = \sum_{n+m=l} a(n)b(m) = \sum_{n=-\infty}^{+\infty} a(n)b(l-n)$$
$$= \sum_{m=-\infty}^{+\infty} a(l-m)b(m)$$

が fg のフーリエ係数になる．これを a と b のたたみこみといい，

$$c = a * b$$

であらわす．もっと単純にいえば

$$\left(\sum_n a_n X^n\right)\left(\sum_m b_m X^m\right) = \sum_l c_l X^l$$

で作られる数列である．

ここで

$$fg \quad \longleftrightarrow \quad a * b$$

という

ふつうの積 $\longleftrightarrow$ たたみこみの積

という対応がえられた．

フーリエ積分の場合だと

$$f(x) = \int_{-\infty}^{+\infty} h(\xi)e^{i\xi x}d\xi, \quad g(x) = \int_{-\infty}^{+\infty} k(\xi)e^{i\xi x}d\xi$$

として

$$f(x)g(x) = \int_{-\infty}^{+\infty} h(\xi)e^{i\xi x}d\xi \int_{-\infty}^{+\infty} k(\eta)e^{i\eta x}d\eta$$
$$= \int_{-\infty}^{+\infty}\left(\int_{-\infty}^{+\infty} h(\xi)k(\zeta-\xi)d\xi\right)e^{i\zeta x}d\zeta$$
$$= \int_{-\infty}^{+\infty}\left(\int_{-\infty}^{+\infty} h(\zeta-\eta)k(\eta)d\eta\right)e^{i\zeta x}d\zeta$$

となって

$$(h*k)(\zeta) = \int_{-\infty}^{+\infty} h(\xi)\,k(\zeta-\xi)\,d\xi$$
$$= \int_{-\infty}^{+\infty} h(\zeta-\eta)\,k(\eta)\,d\eta$$

を考えて

$$fg \quad \longleftrightarrow \quad h*k$$

という対応をうる．フーリエ級数の方の逆変換についても

$$(f*g)(z) = \frac{1}{2\pi}\int_{-\pi}^{\pi} f(x)\,g(z-x)\,dx$$
$$= \frac{1}{2\pi}\int_{-\pi}^{\pi} f(z-y)\,g(y)\,dy$$

とすれば（ただし，このときは周期 2π で $g(z-x)$ などを $-\pi \leq z-x \leq \pi$ 以外でも考えることにして）

$$f*g \quad \longleftrightarrow \quad ab$$

になる．

結局，フーリエ変換というのは

$$\text{ふつうの積} \quad \longleftrightarrow \quad \text{たたみこみの積}$$

という変換なのである．そして，たたみこみという，捉えにくいものを，ふつうの積に変換する装置として機能する．

ここで，「たたみこみ」を「関数」以外のものにまで拡げることができる．たとえば

$$\frac{1}{2\pi}\int_{-\infty}^{+\infty} f(x)\,\delta(z-a-x)\,dx$$
$$= \frac{1}{2\pi}\int_{-\infty}^{+\infty} f(z-y)\,\delta(y-a)\,dy = f(z-a)$$

である．そこで

$$\delta_a(x) = \delta(x-a)$$

とおくことにすると
$$(\delta_a * f)(x) = f(x-a)$$
というズラシの作用素になる（とくに $\delta * f = f$）．ここで
$$\frac{1}{2\pi}\int_{-\infty}^{+\infty}\delta_a(x)e^{-i\xi x}dx = e^{-ia\xi}$$
で，
$$\frac{1}{2\pi}\int_{-\infty}^{+\infty}f(x-a)e^{-i\xi x}dx = \frac{1}{2\pi}\int_{-\infty}^{+\infty}f(y)e^{-i\xi(y+a)}dy$$
$$= e^{-ia\xi}\frac{1}{2\pi}\int_{-\infty}^{+\infty}f(y)e^{-i\xi y}dy$$
すなわち
$$\delta_a * f \longleftrightarrow e^{-ia\xi}g$$
といった対応になっている．

元来，フーリエ変換は
$$\frac{1}{i}\frac{d}{dx}$$
の固有値問題だったので
$$\frac{d}{dx}f \longleftrightarrow i\xi g$$
になる．この意味で，微分作用素も一種の「たたみこみ」といえる．このように，ズラシや微分も含めて，「たたみこみ」演算を考えると，それがフーリエ変換によって，ふつうの積演算になるのである．

▶ $\int_{-\infty}^{+\infty}i\xi e^{i\xi x}d\xi$ といっても収束しないので「関数」といえないが，これは δ' に相当すると考える．すなわち $\delta \longleftrightarrow 1$, $\delta' \longleftrightarrow i\xi$, $\delta' * f = f'$.

してみると，たとえば微分方程式は微分作用素の逆演算であるから，フーリエ変換してカケ算にし，ワリ算して逆を求め，逆変換でモトヘモドス，でOK，というのが原理的には成立する．「原理的」というのは，収束の問題とか，「関数」ないしは「超関数」の解釈の問題があるからである．

この意味では，同じ原理であるラプラス変換を連想する読者もあろう．ラプラス変換というのは，いわばフーリエ変換を「解析接続」したもので

$$g(z) = \frac{1}{2\pi}\int_I f(x)\,e^{-izx}dx$$

ということになる．とくに純虚数の場合は

$$g(iy) = \frac{1}{2\pi}\int_I f(x)\,e^{yx}dx$$

となる．この点では，一見するとラプラス変換の方が実形式のような錯覚を生じたりするが，実際はこちらの方が「複素関数論」的なのである．効果は同じことだが，zに虚数部分があると全直線では収束しにくくなる（$\lim e^n = +\infty$を想起せよ）ので，積分範囲の制限の問題が生ずることがある．また変換の積分の収束の可能性についても，フーリエ変換の場合と違った様相を呈するわけで，実用的にはかえって有利なことも場合によっては生ずる．さしあたりは，原理的共通性の指摘にとどめる．

▶フーリエ級数に対応しては，ローラン展開の$\sum_n c(n)\,r^n e^{in\theta}$が「解析接続」したものにあたる．

軟化子 (mollifier)

▶「京大闘争」の初期段階,ぼくはもっぱら,矛盾を欺瞞的に軟化することに努力してきたが,ついに Morifier というアダナをつけられるにおよんでボロが出はじめ,挫折して入院する破目にたちいたった.

フーリエ変換でとくに重要な場合として,ガウス分布

$$f_\sigma(x) = \frac{2\pi}{\sqrt{2\pi\sigma^2}} e^{-\frac{x^2}{2\sigma^2}}$$

をとりあげよう(x の方の積分を $\frac{dx}{2\pi}$ で行なうことにしたので,普通と係数を変えてある).このフーリエ変換として

$$g_\sigma(\xi) = \frac{1}{2\pi}\int_{-\infty}^{+\infty}\frac{2\pi}{\sqrt{2\pi\sigma^2}} e^{-\frac{x^2}{2\sigma^2}} e^{-i\xi x} dx$$

を計算してみる.微分して

$$\begin{aligned}g_\sigma{}'(\xi) &= \int_{-\infty}^{+\infty}\frac{-ix}{\sqrt{2\pi\sigma^2}} e^{-\frac{x^2}{2\sigma^2}} e^{-i\xi x} dx \\ &= \left[\frac{i\sigma^2}{\sqrt{2\pi\sigma^2}} e^{-\frac{x^2}{2\sigma^2}} e^{-i\xi x}\right]_{x=-\infty}^{+\infty} \\ &\quad - \int_{-\infty}^{+\infty}\frac{\sigma^2\xi}{\sqrt{2\pi\sigma^2}} e^{-\frac{x^2}{2\sigma^2}} e^{-i\xi x} dx \\ &= -\sigma^2\xi\, g_\sigma(\xi)\end{aligned}$$

となり,$g_\sigma(0) = 1$ より,この微分方程式の解として

$$g_\sigma(\xi) = e^{-\frac{\sigma^2\xi^2}{2}}$$

となる.

▶この種の定積分計算は,複素積分を用いてやってもよい.

つまり,フーリエ変換のときの技術的処理としての係数

(ドーデモエエ非本質的部分)を除けば，標準偏差 σ のガウス分布のフーリエ変換は，標準偏差 $\dfrac{1}{\sigma}$ のガウス分布になるのである．

ここで $\sigma \to 0$ とすると，g_σ はどんどん平準化するし，f_σ の方はどんどん原点を求めて尖鋭化する．収束概念を適当に規定しなければならないが（超関数的収束），いわば

$$\lim_{\sigma \to 0} f_\sigma = \delta$$

となると考えられる．逆にいえば，点質量の拡散したものとしてガウス分布はある（図 21.1）．

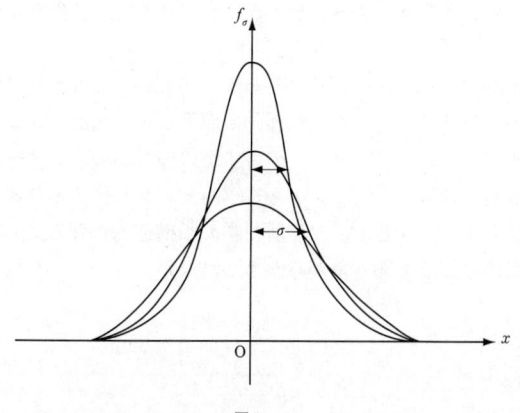

図 21.1

そこで

$$\lim_{\sigma \to 0} f_\sigma * h = \delta * h = h$$

といった関係になる．ここで，h に突出した部分があろうとも，それにガウス分布 f_σ をタタミコムと，その突出性は σ だけのユラギによって軟化されて，マロヤカに崩れる．この意味で $f_\sigma * h$ は h を「軟化」したことになるのである．

最初の関数 h がいかに攻撃的にトゲトゲしくあろうとも，ユラギ σ によって軟化されたからには，もはや微分演算などによる管理が自由に貫徹可能となる．そして，ときに必要とあらば，$\sigma \to 0$ とすることによって，最初の h の姿をとらえることができる．

超関数の定式化はいろいろあるが，もっとも流布しているのはパリのベトナム反戦運動の旗手として名高いシュヴァルツの定式化であり，そのさすがの彼もかのナンテールの 5 月にはコーン・バンディにツルサレタと伝えられるのは，ひょっとすると，この解析学の柔構造的管理方式の発案者のひとりであったからかもしれない．

22. 偏微分方程式をめぐって

熱・波・ポテンシャル

 2年間にわたっていろいろと書いてきたが，今になって考え直してみると，現代的な概念構成をとっているとはいうものの，1970年という時点からの「19世紀解析学の展望」といったことでしかなかった，という気もする．もちろん，これで19世紀解析学の基本的部分を概観したというつもりはなく，たとえば代数関数論のように代数的色彩の強いものについては，それが19世紀の原動力のひとつであったにもかかわらず，全然ふれられてさえいない．そのことは，これらを大学教養課程にとり入れる習慣が世界的にも全然なく，その是非について判定する能力をすら全然持たないほどにぼく自身が無能力であることにもよっている．いずれにしても，その一部分が「楕円関数論」として特殊的にとり扱われる場合を除いて，「代数関数論」というのは数学科の一部分の限定された学生にしか教えられてはいない．ここでぼくはむしろ，「保守的伝統」にしたがった．内容において保守的，形式において急進的というわけ（スターリンみたいな調子でものを言うな！）．

 そこで，今までに論じてきた諸問題についていえば，19

世紀にあっては，それらの底流として，19世紀物理学の主題としての《熱・波・ポテンシャル》の諸問題があったことを忘れるわけにはいかない．東大の杉浦学説は，教養課程の講義をむしろこの底流の方を起点としてなすべきだ，というのにあるのだが，少なくとも最終的総括として，この問題にふれないわけにいかない．ただし，杉浦説と今のやり方とが順序が逆であっただけでなく，キチョーメンな彼とザツなぼくとの気質を反映もして，今回といえども，物理でもなく数学でもなく，ただなんとなく，2年間の総括（それは当世流に読者が主体的に自己総括すべきだ！）のための感性的基盤を与える目的以上のものではない．

▶杉浦センセイとボクとの気質的相違がもっとも鮮明に現われた事件は，例のベトナム反戦署名声明文で，解釈の多義性を主張するボクと論理の一義性を主張するカレとの対立は，ついに第8次最終案まで70日間を必要とした．

まず，熱方程式から始めよう．一様な線密度 w，比熱 c の1次元熱伝導を考える．この物質の dx の部分の温度上昇は，dt 時間に，温度 $u(t, x)$ について，位置変化を固定して考えて

$$\frac{\partial u}{\partial t} dt$$

だから，熱量変化は

$$dQ = c \left(\frac{\partial u}{\partial t} dt \right) (w\, dx)$$

となる．今度は，x における右方への熱量流入を考えると，それが温度勾配 $\dfrac{\partial u}{\partial x}$ に比例すると考えて（線型拡散――こ

れが比例しないと非線型になる)，比例定数（熱伝導率）を k とすると，dt 時間の間の

$$-k\frac{\partial u}{\partial x}dt$$

となる．そこで，時間変化の方を固定して，x と $x+dx$ の双方では

$$dQ = k\left(\frac{\partial^2 u}{\partial x^2}dx\right)dt$$

である．そこで，熱方程式

$$cw\frac{\partial u}{\partial t} = k\frac{\partial^2 u}{\partial x^2}$$

がえられることになる．係数はゴチャゴチャしているので，数学的形式としては

$$2\frac{\partial u}{\partial t} = c^2\frac{\partial^2 u}{\partial x^2}$$

というのが標準型になる．2次元の場合だと，x 方向と y 方向に分けて考えればよいので

$$2\frac{\partial u}{\partial t} = c^2\left(\frac{\partial^2 u}{\partial x^2}+\frac{\partial^2 u}{\partial y^2}\right)$$

になる．x 方向と y 方向が均質でなかったりすると，$\frac{\partial^2 u}{\partial x^2}$ と $\frac{\partial^2 u}{\partial y^2}$ の係数が変わったりするが，本質的な変化はない．

つぎに弦の微小振動を考える．「微小」というのは，$\frac{\partial u}{\partial x}$ が小さくて，$\left(\frac{\partial u}{\partial x}\right)^2$ 以上の非線型項が無視でき，弦の前後の移動のヒキツレを考えずにすますことにあたっている．ようするにニュートン方程式を作ればよいので，勾配を

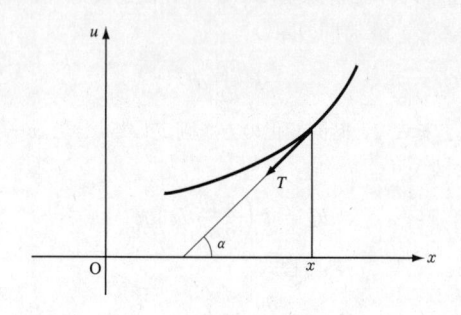

図 22.1

$$\tan\alpha = \frac{\partial u}{\partial x}$$

として，前後の移動が生じないことからは，張力 T にたいし，

$$d(T\cos\alpha) = 0 \quad \text{i.e.} \quad T\cos\alpha = c$$

で，u 方向への張力成分は，t をとめて

$$d(T\sin\alpha) = d(c\tan\alpha) = cd\left(\frac{\partial u}{\partial x}\right) = c\frac{\partial^2 u}{\partial x^2}dx$$

となる．線密度を w とすると，時間的な運動量変化と等置して（ニュートン方程式），

$$(wdx)\frac{\partial^2 u}{\partial t^2} = c\frac{\partial^2 u}{\partial x^2}dx \quad \text{i.e.} \quad w\frac{\partial^2 u}{\partial t^2} = c\frac{\partial^2 u}{\partial x^2}$$

になる．

▶こちらの方は，ふつうの「運動方程式」にすぎないが，さきの「熱方程式」のときと比較して空間変化を固定しての時間変化

を見るのと，時間変化を固定して空間変化を見るのとを等置する，という《立式の論理》を鑑賞するのも一興だろう．

これも，数学的形式として，1次元では
$$\frac{\partial^2 u}{\partial t^2} = c^2 \frac{\partial^2 u}{\partial x^2},$$
2次元なら
$$\frac{\partial^2 u}{\partial t^2} = c^2 \left(\frac{\partial^2 u}{\partial x^2} + \frac{\partial^2 u}{\partial y^2} \right)$$
を標準型と考えればよい．

たとえば，これらの2次元の場合での定常状態を考えれば，ポテンシャル方程式の
$$\frac{\partial^2 u}{\partial x^2} + \frac{\partial^2 u}{\partial y^2} = 0$$
がえられる．

こうして，3つの基本型
$$2\frac{\partial u}{\partial t} = c^2 \frac{\partial^2 u}{\partial x^2}, \quad \frac{\partial^2 u}{\partial t^2} = c^2 \frac{\partial^2 u}{\partial x^2}, \quad \frac{\partial^2 u}{\partial x^2} + \frac{\partial^2 u}{\partial y^2} = 0$$
がえられた．これらは，2次形式の
$$c^2 X^2 - 2T, \quad c^2 X^2 - T^2, \quad X^2 + Y^2$$
に対応しているので，それぞれ

放物型，　双曲型，　楕円型

といわれ，線型偏微分方程式の3つの基本型をなしている．これに非線型項がついたりすると，異様な現象が生ずることもあるが，それにしても，この3つの方程式が基礎になる．そして，これらの解析に関連して，種々の「解析学の発達」が行なわれてきた．

波の伝播

波の伝播については，次元によって違った様相が出てくるのだが，まあここでは1次元にかぎろう．いろんな解き方があるのだが，フーリエ変換をやったから，それで形式的にすますことにする．

初期値問題
$$\frac{\partial^2 u}{\partial t^2} = c^2 \frac{\partial^2 u}{\partial x^2}$$
$$u(0, x) = f(x), \quad u'_t(0, x) = g(x)$$
を，$-\infty < x < +\infty$ で考える．x についてフーリエ変換して
$$U(t, \xi) = \frac{1}{2\pi} \int_{-\infty}^{+\infty} u(t, x) e^{-i\xi x} dx$$
とすると，
$$\frac{\partial^2 U}{\partial t^2} = -c^2 \xi^2 U$$
となるので，この解は
$$U(t, \xi) = A(\xi) e^{ic\xi t} + B(\xi) e^{-ic\xi t}$$
として，逆変換すると
$$u(t, x) = \delta_{-ct} * a(x) + \delta_{ct} * b(x)$$
$$= a(x+ct) + b(x-ct)$$
となる（ダランベールの解）．

ここで初期条件から
$$a(x) + b(x) = f(x), \quad a'(x) - b'(x) = \frac{g(x)}{c}$$
i.e. $\quad a(x) - b(x) = \int_a^x \frac{g(x)}{c} dx$

となる．そこで
$$a(x) = \frac{1}{2}\left(f(x) + \int_a^x \frac{g(x)}{c}dx\right),$$
$$b(x) = \frac{1}{2}\left(f(x) - \int_a^x \frac{g(x)}{c}dx\right)$$
となり，結局
$$u(t,x) = \frac{f(x+ct)+f(x-ct)}{2} + \left(\int_{x-ct}^{x+ct} g(x)\frac{dx}{2ct}\right)t$$
となる（ストークスの公式）．

このとき，速度の方は
$$u'_t(t,x) = \frac{c(f'(x+ct)-f'(x-ct))}{2} + \frac{g(x+ct)+g(x-ct)}{2}$$
になっているわけである．

このことは，時間が t だけたったときの影響について，

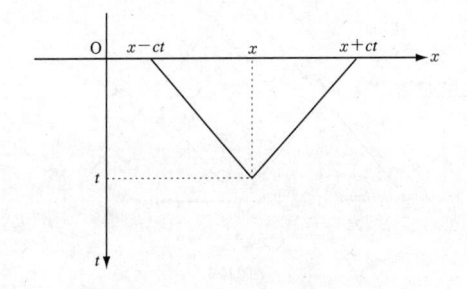

図 22.2

変位については，x から ct だけ離れた部分の初期変位の影響と区間 $[x-ct, x+ct]$ の平均速度の影響が現われることを意味しているわけだ．(図 22.2) その意味で，c は波の伝播速度を与えている．逆にいえば，初期変位は半分ずつに分かれて両側に，そのままの形で崩れることなく速度 c で伝播される．速度については，変位勾配と初期速度とが速度 c で伝播されることになる．このように，初期変位の波形が崩れないことや，伝播速度が有限で影響の範囲の限られていることに，波の伝播（一般に双曲型方程式）の基本的特性がある．

もう少し，感性的イメージを強化するために，中心に質

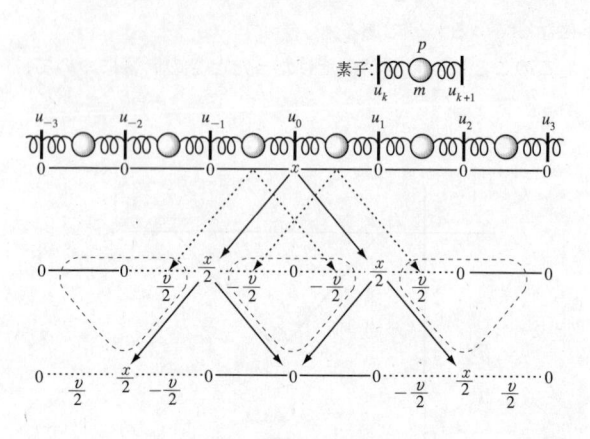

図 22.3

量 m のオモリをつけた弾性 p のバネよりなる素子を，無限に続けた系列で，「算術」を試みてみよう（図 22.3）．

いま，u_0 に x だけの変位を与えたとする．それは，u_1 と u_{-1} とに，$\frac{x}{2}$ ずつに伝播される．そのつぎはというと，u_{-1} の $\frac{x}{2}$ が u_{-2} と u_0 とに $\frac{x}{4}$，u_1 の $\frac{x}{2}$ が u_0 と u_2 に $\frac{x}{4}$，u_0 のところでは合わせて $\frac{x}{2}$ ——これはヘンではないか？

エネルギーをしらべてみよう．$[u_{-1}, u_0]$ の変位差が x，$[u_0, u_1]$ の変位差が $-x$，そこで弾性エネルギー（ポテンシャル・エネルギー）は

$$\frac{1}{2}px^2 + \frac{1}{2}p(-x)^2 = px^2$$

である．ここで，エネルギーは 2 次，変位は 1 次なので，次の段階の方は

$$\frac{1}{2}p\left(\frac{x}{2}\right)^2 + \frac{1}{2}p\left(-\frac{x}{2}\right)^2 + \frac{1}{2}p\left(\frac{x}{2}\right)^2 + \frac{1}{2}p\left(-\frac{x}{2}\right)^2$$
$$= \frac{1}{2}px^2$$

で半分になった．残りはどうなったか？ もちろん，慣性エネルギー（運動エネルギー）に転化したのである．

$[u_{-1}, u_0]$ の変位差 x について，速度に転化する部分は，右には負，左には正で伝播される（ストークスの公式を微分した式を眺めよ！）ので，変位差 x が速度 v になるとすると，$[u_{-2}, u_{-1}]$ に $\frac{v}{2}$，$[u_0, u_1]$ に $-\frac{v}{2}$ の速度を与える．そこで慣性エネルギーの方は

$$\frac{1}{2}m\left(\frac{v}{2}\right)^2+\frac{1}{2}m\left(-\frac{v}{2}\right)^2+\frac{1}{2}m\left(-\frac{v}{2}\right)^2+\frac{1}{2}m\left(\frac{v}{2}\right)^2$$
$$=\frac{1}{2}mv^2$$

になる．ここで，x と v の関係が

$$px^2 = mv^2$$

になっていると，ちょうどツジツマが合う．

さて，次の段階については，$[u_{-3}, u_{-1}]$ の平均速度 $\frac{v}{4}$ が u_{-2} に影響する．この方も速度 v が変位 x に転化するとして，u_{-1} の変位から来た $\frac{x}{4}$ と，この速度から転化した変位の $\frac{x}{4}$ とで，合わせて $\frac{x}{2}$ になるのである．u_0 で変位がキャンセルされることも同様．速度についても，たとえば $[u_{-3}, u_{-2}]$ についてなら，$[u_{-2}, u_{-1}]$ の変位差 $\frac{x}{2}$ から来た $\frac{v}{4}$ と，速度 $\frac{v}{2}$ から来た $\frac{v}{4}$ とで，合わせて $\frac{v}{2}$ になる．

ここで鑑賞してほしいことは，弾性と慣性のエネルギーの相互転換が行なわれながら，同一の波形が伝播されていく状況である．そして，こちらの方は次元に関係することだが，1次元の場合には，伝播は外部へ伝えられて内部は平穏化してしまうことがある（奇数次元か偶数次元かに関係する）．

初期速度 v から出発しても，同様である．同じようにたしかめてみよ（図 22.4）．この場合は，速度の部分が $\frac{v}{2}$ として両側に伝播し，内部は $\frac{x}{2}$ ズレタ平衡状態で平穏化するハズだ（ボクのやってみた「算術」がまちがってなかったら）．

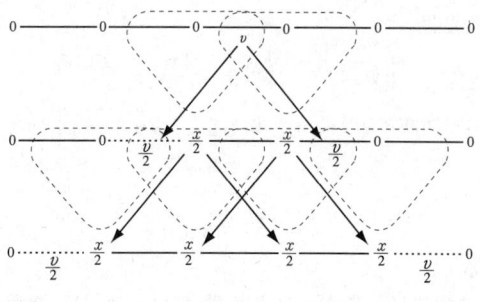

図 22.4

熱の拡散

こんどは，熱方程式の方を考える．これも初期値問題

$$2\frac{\partial u}{\partial t} = c^2\frac{\partial^2 u}{\partial x^2}, \quad u(0, x) = f(x)$$

を，$-\infty < x < +\infty$ について考える．x についてのフーリエ変換

$$U(t, \xi) = \frac{1}{2\pi}\int_{-\infty}^{+\infty} u(t, x) e^{-i\xi x} dx$$

については

$$2\frac{\partial U}{\partial t} = -c^2 \xi^2 U$$

だから，解は

$$U(t,\xi) = A(\xi)e^{-\frac{c^2 t \xi^2}{2}}$$

で，逆変換して

$$u(t,x) = a(x) * \frac{2\pi}{\sqrt{2\pi c^2 t}} e^{-\frac{x^2}{2c^2 t}}$$

となる．初期条件 $t \to 0$ を考えると，$a * \delta = a$ だから，結局

$$u(t,x) = \int_{-\infty}^{+\infty} f(y) \frac{1}{\sqrt{2\pi c^2 t}} e^{-\frac{(x-y)^2}{2c^2 t}} dy$$

となる．

この意味は，各点 y にある熱源 $f(y)\,dy$ が，標準偏差 $c\sqrt{t}$ のガウス分布に崩れて，それが $|x-y|$ だけ離れた点 x に影響し，その影響すべてが重なってタタミコマレたものとして，x における温度 u が現われるわけだ．ここで，ワズカナリとはいえ影響は全直線上の点すべてに波及すること，初期条件のトゲトゲしさはただちに軟化され，全体としての平準化を目ざすこと，これらは同じ伝導現象といっても，双曲型であった波の伝播とことなり，放物型である熱の拡散に特有の現象である．また，ここで拡散の尺度は標準偏差であるが，それが「速度×時間」のように t に比例せずに，$c\sqrt{t}$ であることも拡散現象に特有のことである．ここでは，熱方程式を現象論的にしか立式しなかったが，もっと統計力学的本質論から考えれば，これが「確率過程論」の本質であることは，酔歩やブラウン運動について知られるとおりである．

▶たとえば，フェラー『確率論とその応用』（紀伊國屋書店）参照．

ここでも,「算術」をしておこう.ガウス分布ではムズカシイので,幾何分布(等比数列)に直して話を進める.いま,人をずっと一列に並べておいて,番号 n の人は財産 $f(n)$ を持っているとする.「平等化」のために財産を均等化しようとするのだが,一度に「革命」をするのはショックが大きい,という「穏健主義者」がいたとする.じつは,それより問題なことは,このモデルでは,人間が無限系列として並んでいるので,均等化といっても,有限のときのように,ゼンブをヤマワケというわけにはいかない.そして,辺境の $n \to \pm\infty$ の方は,ヒマラヤの雪男か小栗虫太郎の有尾人のような存在で,まず財産は0に近いと考えてよい.

さてここで,次のような操作を試みる.n 番目の人は,自分の財産のうち $\frac{1}{3}$ は自己に確保し,残りは他人に贈与する.$n\pm 1$ 番目には $\frac{1}{6}$,$n\pm 2$ 番目には $\frac{1}{12}$,$n\pm k$ 番目には $\frac{1}{3\cdot 2^k}$ ずつ分配することにすれば,まあ自分に近いところ(?)から徐々に分配したことになるだろう.これを,みんなが同時にすると,

$$u(1, n) = \sum_m \frac{f(m)}{3\cdot 2^{|n-m|}}, \quad u(t+1, n) = \sum_m \frac{u(t, m)}{3\cdot 2^{|n-m|}}$$

とタタミコマレて,いくぶんは財産が平準化する.これを何度も繰返せば,だんだんと雪男の方へ財産が分配されていくわけである(t 回繰返したときの分散をしらべてみよ.じつはボクは計算しかけたのだが,メンドーになってやめた).

普通の酔歩の場合では，有限の2項分布になるところが違うが（もっとも，ガウス近似を考えることもある），分散は t だから，これが t に比例するという特性は自明．

　最近の「文部省学習指導要領」の理科では，ただ「伝わる」という共通性だけで，熱と波をヒトマトメで扱う，といった珍妙なことをしているのだが，今のような「算術モデル」だけでもその「伝わり方」の本質的相違がわかろうというものだ．

　このあと，楕円型の方程式についてポテンシャルの問題を論じなければならないわけで，これはまた様相がことなるのだが，そのいくらかは「ベクトル解析」と関連させて少しだけ論じたので，ここではやめる．そして，これらすべての型の方程式についての一般的考察を推進することは，もはや19世紀解析学というよりは，アダマールやペトロフスキー以来の「現代」偏微分方程式論になる．

新装版にあたって

　あれから，もう15年になる．そのころは，大学というところも，いくらかお祭り気分で，当方のことば遣いまで，いくらかお祭り気分になっていた．もっとも，京都大学の学園闘争なるものは，ちょっと特殊だったのかもしれない．いちおうはバリケードがあるのだが，それは祭りの飾りつけみたいなもので，学生も教師も，そして，この闘争に賛成のものも反対のものも，その飾りの下を出たり入ったりしながら，祭りの日々を楽しんでいた．いくらか「喧嘩祭り」の気味があって，喧嘩の苦手なぼくには向かなかったが，うろうろするにこと欠かなかった．夜になっても，当局側，全共闘側，民青側と，三様の会合があって，それを3つともつきあっていたら，さすがに疲れて入院した．昼ごろに当局が，午後に全共闘が，夜に民青が，1日の間に，うまいぐあいにかちあわずに，見舞に来てくれたものだ．この本の最後のあたりは，その病院で書いたものである．

　ところで，『数学ブックガイド100』(培風館)を編集したとき，「教科書」に指定されそうなものをなるべく避けるとなると，このごろの数学書の寿命は10年と持たないことに気づいた．この本なども，現代数学社から出したとき，この種のものとしてはよく売れたほうだが，このところ絶

版である．まあ「教科書」なら，いくらか「進化？」しながら再生産されていくのだろうが，個性を伴った数学書が買えなくなるのは困る．それはべつに，ぼくの本にかぎったことではないが，さいわい，ぼくの本については，日本評論社で新装版を出してもらうことになった．Gay Math というのは，Gaya Scientia にあやかったものである．

 1985 年夏

森　毅

文庫版あとがき
――数学主義について――

　長い間，大学の理工系の新入生とつきあったが，彼らが一番悩むのは，高校数学と大学数学のギャップのようだ．なかには，そのギャップを大学に入ったあかしとして楽しむのもいるが，たいていは困ることのほうが多い．それでも，大部分は1年か2年のうちに，それなりに慣れるからそれほど心配はいらないと思う．ひところ，東大の理Ⅰの学生で授業についていけるのが3割なんてのが話題になったが，ぼくの体験ではそんなにいるはずがない．高校からの数学少年は例外だが，そんなのは1割以下で，みんなだめと思ったほうがよい．わからんなりにつきあって，そのうちに慣れるのが，大学ちゅうもんや．

　ただ困ったことに，「数学はつみあげ」という信仰のゆえもあり，わからんなりにつきあうということができなくなっている．わかることを急いでいたら，研究者になんかならんほうがよい．すぐにはわからんことを考えて，そのうちなんとかするのが，研究というものなんだから．

　「料理の修業に来たつもりやのんに，包丁の研ぎ方ばっかり教えるみたいなもんかな」

　「いや，それはまだよいほうで，料理道の精神訓話ばっかりしてるんちゃうか」

　――そんな会話をしたのは全共闘の時代．この本を書い

たのはそのころだった．

おおまかには，全共闘系と民青系と当局系と，3つのグループがあって，夜になると集まっては情勢を論じあっている．ぼくは野次馬ラジカルでみんな興味があるので，全部に出て，かちあうと一晩にかけもちしたりして，「京大の一匹コウモリ」と粋がっていた．

それでも，人なみに団交でつるしあげにあって，

「森さん，あんたは少しも戦う姿勢がなくて評論家してるだけやないか」

まったくその通り，異議ナシ．全面降伏バンザイ，確認シマシタ．

それから3日ほどして，そのセクトの親分にキャンパスで出あったら，

「先生，このところ情勢混沌，どない見てはります？」

「なに言うとんの．こないだ，あんたとこの若い衆に評論家いうてつるされたとこやで」

「先生かて，長いこと京大でメシ食うてるんでしょ．団交てそんなもんですがな．こっちかて，本気で先生に戦うてもらおうなんて思いますかいな．そんなん，マンガやないですか」

たしかに，「これからは戦います」なんて決意表明もしなかったなあ．

一匹コウモリの術というのは，いろんなグループに行くが，そのことでそのグループのダイナミズムを知り，全体の配置を自分の頭のなかに構成すること．そこで得た情報

で，他のグループが知ると有利になることは，絶対に口にせぬこと．そのグループの特質のかぎりで，全体の状況のなかで可能なことは助言するが，たぶん一番意味のあるのは，そのグループの長短をはかる批評家的スタンス．

でもこれは，どこかのグループの御用評論家になるより疲れることで，結局は入院してしまった．この本のもとになる原稿は，そのときのベッドで最終回を書いた記憶がある．つまりは，この本を書いた時代の背景．ちなみにそのころは乱れていたので，入院しているのに，病休届けを出さなかったっけ．

打ち合わせたわけでもなかろうに，午前中に当局，午後に全共闘，夜に民青が見舞に来てくれた．こちらは情勢を知りたくて，電話をかけまくっていたので，当事者が来てくれたので大歓迎．ところが，彼らの環境での情勢はわかるのだが，全体の構図がわかっていない．

「この病院へ来ると，情勢がようわかりますなあ」

とみんな喜んでいた．マルクスいわく，「存在が意識を決定する」

それが本になったとき，なにより題名をほめられたのが嬉しかった．「現代」と「古典」という，一見矛盾した概念を抱えこんだところ．いろいろ書評があったうち，物理の雑誌に，「数学の本にしては論理的」とあったのに笑ってしまった．たしかに，「数学は論理」というのはお説教のひとつであったし，ぼくの若いころは「物理などを知っているのは数学者の恥」と言われた，数学主義の時代．それでは

ダメだと知った30歳前後,松村英之や小針睍宏などと,ランダウの本で物理のお勉強会をしたが,どうも数学と論理感覚が違うところに感心したものだ.物理ではピクチャーと言い,生物学になるとランドスケープと言うのにも感心したものだ.

本当のところを言えば,数学で論理をやかましく言うのも,少しおかしなところがある.極限の順序交換などが気になるのは,2変数になってからだが,そのころは少しくたびれているので,あまりうるさく言わない.たいして気にしなくてすむ1変数のときにやるので,お説教が表に出やすい.もっとも,2変数でいろいろやるのはたいへんだから,単純な(だからそれほど必要のない)1変数でやかましく言って訓練するというのだろうが.オー「基礎学力」イデオロギー!!

それに,全体を通しての構想なしに考えるのも気になる.たとえば,「微分可能」の通常の定義は,1変数向けにできている.本文が書かれる前に挫折したけれど,ブルバキの『多様体』の要約では,通常より強い定義(「強微分可能」と訳したっけ)を採用している.コンピュータへの意識の強いラックスの本でも,強い定義を採用している.既成カリキュラムに合わすばかりがよいとも思わぬ.数学者世界への馴化ばっかりでは発展性がない.

実際の数学者だって,あまり論理主義とかぎらぬ.有名だったのは,ひところカタストロフィーで評判だったルネ・トム.たしかにトムの本は感動的だったが,エリオッ

トの詩を読むときの気分．そして，その主定理は証明がついてない．弟子が無理して証明をつけたが，先生のトムの気にいらなかったという話が伝えられている．こうした話はよくあって，岡潔もアンリ・カルタンが気にいらなかったそうだ．

　論理自体を数学の対象にしたのがゲーデルだが，これに関しては廣瀬健の話がおもしろかった．ゲーデルの最初の論文は，普通に考えると粗雑で，ええかげんな気分がしたらしい．それが，何年も基礎論に打ちこんでから読むと，雑なようで要をきっちり押さえた名論文だったというのが，廣瀬の感想．

　でも通常なら，こうした論文はレフェリーに引っかかって，活字にしてもらえぬ．レフェリーは秘密なのだが，廣瀬が手をまわして調べたら，フォン・ノイマンだったそうな．ノイマンにはわかったのだろうな．歌舞伎の「石切梶原」風に言えば，「刀も刀，切り手も切り手」

　数学者だけでなく，数学を使う人のことも気になる．工学部の30前ぐらいの俊秀10人ほどに教養部に集まってもらって，「基礎数学に何を望むか」の議論をしてもらったことがある．いま副学長をしている荒木光彦だったと思うが，発言がとても印象的だった記憶がある．

　「工学なんてドロクサイ分野だから教科書どおりの数学が教科書どおりに使えるとはかぎらない．こんな景色のときに，あんな顔の数学が役だった，ちょっと違う景色ではちょっと違う顔の数学．だから，数学を使う景色とその数

学の顔．それが大事なんです」

つまり，ランドスケープとピクチャーということか．

もっとも，これは彼のようなエリートのこと，普通の工学部の学生気質と反対．決まった対象に決まった数学を使いたがる，マニュアル志向が強いなかでどうするかが難しい．

似たことは，ソリトンの広田良吾と話したときも感じた．彼は物理出身で，そのころ工学部の学生に数学を教えていた．

「数学者には叱られるかもしれんけど，極限がどうのとは目をつぶって，どんどん計算して，おかしなことが起こったらあのときエエカゲンなことしたかと戻ったらええ，と教えている」

そのとき話したけれど，これには2つ異議がある．まず，数学者だって，たいていはエエカゲンなことをしているだろう．ただ，トムやゲーデルならいざ知らず，普通はそれでは論文を通してもらえぬ．だから，論理も修業せざるをえないというだけの話．それが大学の入学時にふさわしいかどうかは別のことだけれど．

もっと重要なことは，現実の工学部の学生にそれが通じるかという問題．見知らぬ土地へ行くのに，多少はええかげんでも，地図があるほうがよい．迷うことがあっても，それで進んだほうがよい．しかしながら，このごろの学生ときたら，地図どおりに進むことだけ考えて，迷ったら地図屋の責任を追及することばかり考えおる．

しかし考えてみれば，こうしたことは歴史的でもある．19世紀数学主義の元祖は，純粋数学を始めたガウスやコーシーということになっている．しかし，この2人は天文学の教授で数理物理学者として通っていた．そして，コーシーがエコール・ポリテクニクで教えるために，論理を気にしたと言われている．ガウスやコーシー本人はともかく，18世紀のオイラーみたいに景色と顔だけではすまぬ時代になっていたのだろうな．

こうしたことがこの本を書いていた時代の故とばかりは思わない．新数学人集団（SSS）のできたころは，ぼくは北大の助手をしていて，直接には関係していないが，谷山豊の「なぜ数学なのか」の問題提起の影響下にあった．30ぐらいのころは，大学の微積分をどうするかをしゃべりあうことがよくあった．ぼくに近い年代で言うと，一松信や前原昭二なんか，そのなかで本を書いた．ブルバキ発生伝説のひとつに，エコール・ノルマルでの同じような議論が最初というのがある．

このごろのことは知らないけれど，今の若い数学者の間での議論はあまり聞こえてこない．数学という制度が固定しているとも思えぬから，数学主義批判といった言説をもっと聞きたいと考えている．

2006年夏

森　毅

本書は、一九八五年九月二十日、日本評論社より刊行された。

現代の古典解析　微積分基礎課程

著者　森　毅（もり・つよし）

二〇〇六年十月十日　第一刷発行
二〇二〇年七月十五日　第七刷発行

発行者　喜入冬子
発行所　株式会社筑摩書房
　　　　東京都台東区蔵前二-五-三　〒一一一-八七五五
　　　　電話番号　〇三-五六八七-二六〇一（代表）
装幀者　安野光雅
印刷所　株式会社精興社
製本所　株式会社積信堂

乱丁・落丁本の場合は、送料小社負担でお取り替えいたします。
本書をコピー、スキャニング等の方法により無許諾で複製する
ことは、法令に規定された場合を除いて禁止されています。請
負業者等の第三者によるデジタル化は一切認められていません
ので、ご注意ください。

© AIO NAKATSUKA 2011 Printed in Japan
ISBN4-480-09010-X C0141

ちくま学芸文庫